无人机蜂群反制技术与效能评估

主　编：崔凯波　孙海涛
副主编：任继炜　齐子元　赵玉龙　黄欣鑫
参　编：刘　亮　刘兆丰　武亚坤　王　毅

哈爾濱工業大學出版社

内 容 简 介

本书围绕无人机蜂群及其反制相关技术展开，主要内容包括无人机蜂群发展概述、无人机蜂群反制技术手段及其作战运用、反无装备作战效能评估等部分，重点对无人机蜂群反制的作战模式、反无装备的毁伤机理、作战效能评估进行研究和总结，在构建反无装备作战效能评估模型的基础上，建立毁伤效能评估指标体系，结合作战试验场景进行仿真验证。本书内容具有装备运用、作战仿真、效能评估等跨学科特性，所涉技术紧跟无人机蜂群反制及作战效能评估的领域前沿。

本书可作为高等院校相关专业本科生、研究生的教学参考资料，也可供防空作战和装备评估等相关领域的研究人员和工程技术人员参考使用。

图书在版编目（CIP）数据

无人机蜂群反制技术与效能评估 / 崔凯波，孙海涛，任继炜主编. -- 哈尔滨：哈尔滨工业大学出版社，2025. 8. -- ISBN 978-7-5767-2306-9

Ⅰ. V279

中国国家版本馆 CIP 数据核字第 2025JU0116 号

策划编辑　薛　力
责任编辑　薛　力
封面设计　刘　乐
出版发行　哈尔滨工业大学出版社
社　　址　哈尔滨市南岗区复华四道街 10 号　邮编 150006
传　　真　0451-86414749
网　　址　http://hitpress.hit.edu.cn
印　　刷　哈尔滨博奇印刷有限公司
开　　本　787mm×1092mm　1/16　印张 8.75　字数 181 千字
版　　次　2025 年 8 月第 1 版　2025 年 8 月第 1 次印刷
书　　号　ISBN 978-7-5767-2306-9
定　　价　78.00 元

前言

当天空被低成本的自主蜂群遮蔽时，传统防空体系面临前所未有的解构。近年来，无人机蜂群技术及其潜在作战应用，加速了作战模式变革，增大了对空防御难度。无人机蜂群以其低成本、大规模、高度协同、分布式智能决策的颠覆性优势，正在迅速改写战场规则。它们能饱和攻击关键设施、高效压制防空体系、精确执行侦察与打击任务，甚至实现集群"智能涌现"，给国家安全、城市防护和军事行动带来前所未有的、呈指数级增长的复杂挑战。传统的点线防御、高价值弹药拦截模式在面对"蜂群"饱和攻击时，显得力不从心且效费比失衡。因此，研究高效、精准、经济的蜂群反制技术，并深入分析其对蜂群目标的毁伤机理与作战效能，已成为当前国防科技与军事应用领域亟待攻克的核心课题。

本书立足于体系对抗制胜机理与现实作战驱动，不囿于技术方法的简单陈列，而旨在从复杂智能集群对抗与攻防体系运用的深层结构切入，构建一套"反制技术基础—科学指标体系—效能评估模型—体系对抗推演"的完整闭环体系，为装备科研论证、部队作战运用、反制技术迭代及作战方案优化提供一定的理论依据与决策支撑。

在内容设计上，本书以"技术牵引—评估驱动—仿真分析—启示建议"为逻辑主线，系统铺开和论述。第 1 章为绪论部分，纵览全球蜂群起源发展与作战样式演变特点，锚定研究范畴与背景坐标；第 2~3 章为技术战法和毁伤机理部分，在梳理成熟反制技术基础上，探索蜂群反制战术战法，同时深入分析多类武器对目标的毁伤机理，为效能评估提供支撑；第 4、5、6 章为作战效能评估部分，深入探讨作战效能评估方法的合理选取、效能指标体系的构建和效能评估模型的建立，从而支撑作战仿真与评估系统的运行和分析；第 7 章为作战仿真试验系统开发和评估部分，主要从试验系统平台设计、想定场景构建模拟，武器装备模型和部署方案设计，综合考虑战场环境和多维度因素，开展仿真试验分析，提出启示建议，能够为作战指挥、装备配置和火力运用提供科学依据和支撑。全书层层递进，环环相扣，以严密逻辑体系支撑现实问题解决。

全书由崔凯波和孙海涛统稿。崔凯波完成了第 1 章的撰写工作，孙海涛完成了第 2 章的撰写工作，齐子元和武亚坤完成了第 3 章的撰写工作，任继炜和王毅完成了第 4 章的撰写工作，刘亮和任继炜完成了第 5 章的撰写工作，赵玉龙和秦子龙完成了第 6 章的撰写工作，崔凯波、刘兆丰、黄欣鑫完成了第 7 章的撰写工作。崔凯波、孙海涛、任继炜完成全书的校对工作。

期望本书所构建的技术体系、提出的评估框架、凝练的启示建议，能够为从事防空作战、装备运用、反无反群、试验评估等领域的学者和工程技术人员提供有益的参考。同时，本书在编写过程中，参考了国内外大量的书籍和资料，在此对相关文献资料的作者表示衷心的感谢。由于编者知识水平有限，书中见解或有未尽之处，恳请各方同仁不吝批评指正。愿我们携手并肩，为未来立体化智能防御体系建设贡献智慧和力量！

编　者

2025 年 6 月

目录

第1章　绪　论

无人机在全球已广泛普及,与载人飞机相比,无人机价格低廉、操作简便。许多国家都希望无人机在军事领域和民用领域得到广泛应用,并降低操作人员的风险。此外,军事冲突是全球无人机扩散的重要推动力。近期,大规模商用、军用无人机在局部地区冲突中的有效运用,进一步促进了无人机的快速发展。

1.1　无人机蜂群发展概述

1.1.1　无人机的起源

无人机起源于第一次世界大战,自 1917 年英国成功研制出世界上第一架无人机至今,无人机的发展大致经历了 5 个发展阶段:

(1)研制问世阶段(1917—1930 年),无人机开始被尝试用于军事目的,主要功能是携带高爆炸药,用于以自爆方式攻击飞机。

(2)低空低速靶机阶段(1930—1950 年),无人机主要作为低空低速靶机使用,用于模拟空中目标,检验和提升防空火力的作战能力。英国、苏联、美国相继成功研制多款无人靶机,用于检验防空火力的效能。

(3)实战应用阶段(1950—1974 年),无人机作为专用军事装备初步登上历史舞台,其主要功能是替代有人机执行高风险、单一化的侦察任务。美国在 1959—1975 年的某场局部战争中广泛使用"火蜂"无人侦察机。

(4)新技术运用阶段(1974—1990 年),无人机功能从单一侦察扩展到电子战、诱饵等多任务领域,并通过与有人装备系统集成进行体系融合。以色列在某场中东战争中,使用"猛犬""侦察 兵"无人机进行侦察、投放诱饵、电子干扰,与有人机进行配合,战争初期就打击了叙军 80%以上的精锐战力。

(5)高技术运用阶段(1991 年至今),无人机技逐渐发展成熟,其依托信息技术、隐身技术和人工智能,实现了全天候、全频谱的作战能力。1991 年海湾战争中,美国及北约盟国使用大量高新技术无人机进行作战,此后世界各国无人机的研究应用进入了快速迅猛发展阶段。

据不完全统计，当前世界上有近 50 个国家正在开展 700 多个型号的军用无人机的研制和生产。不同类型的无人机也为现代战争提供了各种各样的作战模式，比较典型的有以下几种：

(1)监视侦察。

现代战争是陆、海、空、天、电、信息的全维战争，对情报信息高度依赖。监视侦察无人机以其简便的起飞方式，机动的起飞地点，先进的机载昼夜侦察监视器材和超低空飞行、长航时滞空及零人员伤亡风险等特点，可以全天候、全空域连续对对手重要保卫目标进行侦察，弥补了侦察卫星获取情报实时性差的不足，成为各国现役无人机中数量最大、型号最多、使用最频繁的一种。

(2)察打一体。

随着国际反恐战争样式的不断演变，针对对手首领采取的“斩首行动”等新型低附带损伤、精确打击作战需求出现，催生出基于实时侦察信息进行快速精确有效杀伤的察打一体化无人机。

(3)协同作战。

该作战模式结合了有人机和无人机的优点，可以实现在有人模式和无人模式两个平台之间转换。“有人/无人机混合编队”是由一架有人作战飞机指挥一架或多架无人机协同作战，有人机充当混合编队的指挥控制中心，指挥无人机编队完成目标瞄准、射击诸元装定、武器发射等作战流程，可有效提高有人机的战场生存能力。

(4)蜂群作战。

无人机蜂群是由大量无人机组成，以单平台无人机的作战能力为基础，通过无人机之间的协同交互能力为支撑，以群体智能涌现能力为核心，基于开放式体系架构综合集成构建，具有抗毁性、低成本、功能分布化等优势和智能特征的作战体系。无人机蜂群是分布式、低成本化、网络化作战模式的典型代表，其在优化整合无人机技术优点和系统族群长处的基础上，凸显了传统作战能力无法比拟的作战优势，代表着未来战争无人化作战和智能化作战的发展趋势。由此可以看出，无人机蜂群的广泛应用，使得现有的防空体系面临的形势更加严峻，多样化对手目标更加难以防范，目前各国都在尝试不同的反无人机蜂群作战技术和作战样式。

1.1.2 无人机蜂群概念

“蜂群作战”本质上是仿生学，即受到生物群体行为的启发，模拟蜂群高效协作、紧密耦合的特点，由大量简单的无人机组成无人机蜂群，基于网络通信和智能协同控制等技术，通过蜂群内信息共享以扩大对环境态势的感知，实现侦察监视、摧毁攻击、信息对抗、航迹规划、任务分配等诸多任务，从而实现高效率、高智能化的自主协同作战。

（1）蜂群的定义。

无人机蜂群的核心定义，可概括为“通过分布式协同算法实现群体智能的无人系统集群”。其本质特征在于去中心化控制与动态自组织能力。与传统无人机编队不同，蜂群系统不依赖单一指挥节点，而是通过局部交互（如邻近无人机的位置、速度信息共享）形成全局行为一致性。在物理层，蜂群内无人机相互独立，分散部署在作战空域内；在逻辑层，通过自组织网络实现信息共享，形成一个可协同执行任务的整体，以提高作战效能。相比于平台中心式的大型多功能作战平台，无人机蜂群在作战时具备功能分布化、系统自治化、效费交换比高等优势。

（2）蜂群的规模层级。

①微型蜂群（<10 架）。适合城市反恐。例如，美国特种作战司令部测试的“子弹头”（bullet）微型旋翼无人机群，可穿过建筑物通风管道实施室内侦察，甚至携带微型炸药定向爆破目标。其威胁在于隐蔽性——传统射频探测手段难以识别此类低电磁特征目标。

②战术蜂群（10~100 架）。这一规模是当前军事应用的主流。中国电子科技集团有限公司在 2017 年实现了 119 架固定翼无人机的集群飞行试验，通过自主避障与队形变换，验证了区域封锁与电磁压制作战能力。此类蜂群常采用“母舰投送”模式，如美军 C-130 运输机可同时释放数 10 架“郊狼”（coyote）无人机，形成移动的空中雷区。

③战略蜂群（>100 架）。尚处概念验证阶段，但已显露颠覆性潜力。2023 年美陆军“融合计划”（Project Convergence）中，由 300 架无人机组成的模拟蜂群，在 AI 调度下同时攻击了分散在 200 km 范围内的 50 个目标。防御方即将面临的挑战不仅是拦截密度，更是资源分配困境——有限的防空火力必须在真假目标、不同威胁等级间动态抉择。

（3）蜂群的控制架构。

①集中式控制。早期蜂群多采用此模式，如美国“Perdix”项目的无人机需依赖 F/A-18 战机发送指令。此类系统存在明显漏洞——2018 年叙利亚战场上，俄军曾通过 GPS 欺骗技术劫持了一组由 12 架无人机组成的侦察蜂群，迫使其降落回收。

②半自主协同。现代蜂群普遍采用分层架构。例如土耳其“Kargu-2”系统，地面站仅指定任务区域与优先级，具体目标分配由机间通信（使用 LoRa 扩频技术）自主完成。

③完全自主智能。最前沿领域已出现无须外部通信的蜂群。英国“蓝熊”（Blue Bear）公司开发的 AI 集群，基于边缘计算与群体强化学习算法，可在电磁静默状态下通过视觉识别同步行动。

1.1.3 国内外发展现状

无人机蜂群作战以其在快速部署、弹性配置和经济性好、适应性高等方面的优势，是美国当前实施以亚太地区主要国家为主要对手的“第三次抵消战略”的发展方向，是美军为解决其国防预算规模缩减和维持军事优势两者矛盾的重要途径。

无人机蜂群通过实时动态编组、在线任务分配、集群协同突防的方式，实现了以量取胜、动态聚能、精准释能的饱和攻击。在可预见的未来战场上，蜂群战术会成为指挥官手中的得力工具，成百上千架无人机蜂群飞抵上空的震撼场面将令人不寒而栗。因此，结合现有装备和技术，研究多种毁伤元对典型无人机蜂群目标的毁伤技术和作战效能，是实现高效的反无人机蜂群战法的前提和基础，具有重要的军事意义。

(1)美军蜂群发展现状。

美国作为世界上无人机蜂群强国之一，其无人机技术领先于众多国家。随着科技发展和战争需要，美军正通过顶层设计、项目规划、理论研究、关键技术攻关和演示验证等手段来促进无人机蜂群的快速发展。美国国防部统一领导开展了大量的研究和论证工作，启动了多个项目，典型项目包括如下几个：

①“小精灵”(Gremlins)项目。

2015 年 8 月，美国国防部高级研究计划局(Defense Advanced Research Projects Agency, DARPA)宣布启动“小精灵”项目(图 1-1)，计划从对手防御范围外的大型飞机(C-130 运输机、B-52/B-1 轰炸机等空中平台)上发射具备自主协同和分布式作战能力、可回收的小型无人机蜂群，执行情报监视侦察(intelligence, surveillance, and reconnaissance, ISR)、电磁战、网络战及可拓展性任务。2017 年 3 月，DARPA 宣布完成了无人机空中发射和回收系统的可行性研究，并计划在 2019 年开展“小精灵”蜂群的空中发射和回收飞行试验。

(a) (b)

图 1-1 “小精灵”无人机

“小精灵”无人机的最优性能目标：作战半径为 926 km，作战半径处可巡逻 3 h，设计载重为 54.5 kg，最大速度不小于马赫数 0.8，最大发射高度超过 12 192 m，载荷所需功率为 1 200 W，设计寿命为使用 20 次，出厂单价（不包括载荷）低于 70 万美元。另外“小精灵”作战系统的最优性能目标：大型平台能发射超过 20 架无人机，30 min 以内回收 8 架或更多无人机，成功回收率大于 95%，回收后再次发射的时间不超过 24 h。

②低成本无人机集群技术项目。

美国海军研究办公室（Office of Naval Research，ONR）于 2015 年开展名为低成本无人机集群技术（low-cost UAV swarming technology，LOCUST）的项目研究。该项目目标是快速释放大量小型无人机，以达成对对手的压倒性优势，并通过自适应组网及自治协调，对某个区域进行全面侦察并对关键指控节点进行攻击破坏等。该项目使用雷神公司的“郊狼/丛林狼”（Coyote Drone）小型无人机进行试验，如图 1-2 所示，该无人机重为 5.9 kg、最大飞行高度为 6 096 m、续航时间为 1.5 h、可携带约为 0.9 kg 的载荷。这种廉价可替代、可配置的无人机可以从军舰、传统车辆、飞机等平台上直接发射起飞。

(a) (b)

图 1-2 “郊狼”无人机

目前，ONR 共进行了两次陆基试射试验，2015 年 3 月，美国海军实现了 9 架“效狼”无人机的完全自主同步和编队飞行的技术验证；2016 年 5 月，LOCUST 项目在陆上完成 30 s 内发射 30 架“郊狼”小型无人机的试验，验证了无人机蜂群的编队飞行、队形变换、协同机动能力。“郊狼”无人机蜂群在迅速发射之后，可使用低功率无线电网络建立彼此之间的通信关系，共享位置信息和其他信息。而且所有无人机将形成“母子”关系，其中 1 架起领导作用，其余无人机则为下属。飞行时，地面操作员不必对每架无人机进行单独控制，仅需对蜂群进行整体控制。接下来，LOCUST 项目计划在墨西哥湾开展舰基的无人机蜂群发射和飞行试验。

③“山鹑”（Perdix）项目。

美国国防部战略能力办公室（Strategic Capabilities Office）在 2014 年主导了“山鹑/灰山鹑”微型无人机高速发射演示项目。“山鹑”微型无人机依据商用标准，由 3D 打印部件组装而成，长约为 16.5 cm、翼展为 30 cm、投放质量约为 0.3 kg，适合快速制造，成本低廉，一次性使用，可由战斗机搭载和发射，如图 1-3 所示。

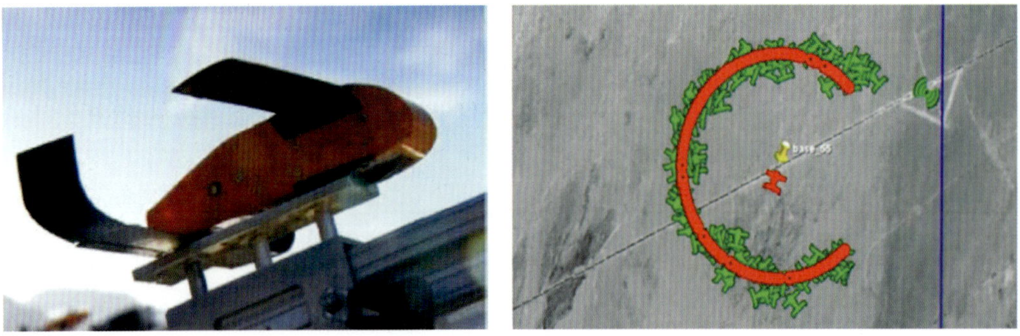

图 1-3 “山鹑”无人机

自 2014 年 9 月首次配装 F-16 战斗机试投以来，已完成 500 余次飞行测试。2017 年 1 月，美国海军 3 架 F/A-18F“超级大黄蜂”战斗机以 0.6 马赫速度投放了 103 架“山鹑”微型无人机，创下美军军用无人机蜂群最大规模飞行纪录。试验中，“山鹑”蜂群未预先编写飞行程序，而是在地面站指挥下自主实现协同，展现了集体决策、自修正和自适应编队飞行能力。

综合来说，美国典型微小型无人机蜂群目标包括以“郊狼/丛林狼”为代表的抗干扰自主化 1 级小型无人机，以“山鹑/灰山鹑”为代表自修正自适应编队微型无人机，其主要技术指标见表 1-1。

表 1-1 美国典型无人机蜂群主要技术指标

指标名称	指标数值	
	轻小型蜂群	微小型蜂群
典型目标	“郊狼”无人机	“山鹑”无人机
飞行高度/m	60~1 500	30~600
飞行速度/$m \cdot s^{-1}$	30	20~30
机长/m	0.91	0.165
翼展/m	1.47	0.3
编队内间隔/m	≥10	≥5
运用数量/架	300 左右	500 左右
编队内无人机数量/架	20	30

(2)俄军蜂群发展现状。

除美国外,其他国家也都积极发展无人机蜂群技术。俄罗斯(苏联)的无人机蜂群研制工作最早始于20世纪30年代,其无人机蜂群技术水平曾领先于世界。自苏联解体后,由于经济、科技发展缓慢等原因,俄罗斯的无人机集群技术在很长一段时间内处于停滞状态,直至2011年叙利亚内战后,俄罗斯开始大力发展无人机蜂群技术。截至目前,俄罗斯的军用无人机总量仅次于美国。2022年爆发的某场冲突中,双方都使用了大量的无人机装备,实施执行情报监侦和目标指示等任务。仅仅在冲突初期,双方就投入十余型、数百架无人机,以中小型侦察、察打一体无人机为主,参战规模较大、种类较多。

俄罗斯在航空工业设计制造领域具有优势,其所用的军用无人机全部为自行研制或生产,类型集中在察打一体(侦察打击一体化)无人机、多功能无人机、战术侦察无人机和自杀式无人机。

①"猎户座"无人机。

"猎户座"无人机是俄罗斯研制的中空长航时无人机,如图1-4所示,俄军于2020年接收第一批该型无人机,计划2023年底前可列装21架。该机采用传统气动布局,V形尾翼设计,机长为8 m,翼展为16 m,最大起飞质量为1 000 kg,有效任务载重为200 kg,巡航速度为120 km/h,实用升限为7 500 m,携带60 kg载荷时续航时间为24 h。该机当前版本未配备卫星通信模块,最远控制距离为250 km。动力系统方面,配置APD-115T活塞发动机及AV-115可调距螺旋桨。任务载荷方面,可挂载光电/红外、多模雷达、数字相机、信号和通信情报等多种传感器,其多通道MOES稳定电子监测系统,可用于全天时探测和跟踪目标,并提供目标指示能力。武器系统方面,该无人机有4个外挂点,可挂载KAB-20小直径炸弹、Kh-50巡航导弹、UPAB-50滑翔炸弹、FAB-50爆破弹和9M113反坦克导弹等武器。

图1-4 "猎户座"无人机

②“海雕-10”无人机。

“海雕-10”无人机是俄罗斯研发的多功能无人机，如图 1-5 所示，主要执行侦察监视和火炮校射等任务。该机可弹射起飞，伞降着陆，机长为 1.8 m，翼展为 3.1 m，最大起飞质量为 14 kg，有效任务载重为 5 kg，最大平飞速度为 150 km/h，巡航速度为 90 km/h，实用升限 5 000 m，标准最大载油量时航程 600 km，续航时间 16 h。动力系统方面，配装一台日本 Saito FG-40 发动机；任务载荷方面，可携带 Ublox Neo-M8 定位导航系统，遥测、通信视频解码器，射频收发器等多种通信系统。“海雕-10”无人机可同时携带 3~4 种任务载荷，在复杂气候环境下和交通不便地区进行大范围侦察监视任务。

图 1-5 “海雕-10”无人机

③“海雕-30”无人机。

“海雕-30”无人机是“海雕-10”无人机的升级版本，如图 1-6 所示，2015 年在契卡洛夫国家试飞中心完成测试。该机主要特点与“海雕-10”无人机基本相同，采用 T 形尾翼的气动布局，最大起飞质量为 31 kg，续航时间为 8 h，飞行速度为 150 km/h，实用升限为 5 000 m，通信控制距离为 120 km。任务载荷方面，挂载光电侦察吊舱，具备激光测距和激光指示能力，可为重型迫击炮发射的激光制导武器进行目标照射；该吊舱对单人进行识别时，飞行高度一般不超过 900 m；对汽车等目标进行识别时，飞行高度一般不超过 1 200 m。

图 1-6 “海雕-30”无人机

④KUB-BLA 自杀无人机。

KUB-BLA 是卡拉什尼科夫公司旗下子公司扎拉于 2019 年推出的自杀式无人机，如图 1-7 所示，于 2022 年列装。该机采用三角形飞翼布局，机长为 0.95 m，翼展为 1.21 m，有效任务载重为 3 kg，飞行速度为 80~130 km/h，续航时间约为 30 min。该机由电动发动机驱动，声学特征小，可携带多种战斗部。

图 1-7 KUB-BLA 无人机

俄罗斯的典型军用无人机目标的主要性能指标见表 1-2。

表 1-2 俄罗斯的典型军用无人机目标的主要性能指标

型号	载荷	武器	特点
猎户座	红外/光电、雷达、相机	炸弹、巡航导弹、爆破弹、反坦克导弹	使用卫星通信，不受无线电通信范围限制。执行侦察监视任务和打击任务
海雕-10	定位导航、遥测、可见光摄影、热成像摄影	干扰装置、电子战吊舱	采用弹射起飞+伞降着陆回收，主要用于侦察，引导炮火打击，但效率低
海雕-30	光电、激光测距、激光指示	激光制导炸弹	为高精度榴弹炮提供数据坐标信息，提高打击精度
KUB-BLA	可见光摄影	杀伤战斗部	在某场冲突中消灭数名对手军人，并曾缴获对手的“弹簧刀”无人机，摧毁对手榴弹炮

(3)乌军蜂群发展现状。

乌克兰虽然开展了军用无人机的研制,但是优势产品不多。乌克兰方面所使用的无人机型号众多,目前已知的达到了十余种。其所使用的类型包括察打一体无人机、攻击型无人机、多功能无人机、战术侦察无人机、自杀式无人机,以及用于作为武器化平台和数字化链接的无人机。

①"旗手"TB2 无人机。

"旗手"TB2 无人机是土耳其研制的中空长航时察打一体无人机,如图 1-8 所示,乌克兰于 2019 年购买 12 架,后续乌海军增订 5 架,于 2020 年交付。此后,乌克兰与土耳其成立合资企业,在乌克兰本土生产 48 架该型无人机,并于 2021 年 10 月首次使用。该机机长为 6.5 m,翼展为 12 m,最大起飞质量为 630 kg,有效任务载重为 55 kg,巡航速度为 130 km/h,实用升限为 9 100 m,航程为 150 km,续航时间为 24 h。任务载荷方面,该机可挂载光电、红外成像和瞄准传感器,可挂载 4 枚激光制导弹药。

图 1-8 "旗手"TB2 无人机

②"天空"UJ-22 无人机。

"天空"UJ-22 无人机是乌克兰研制的多用途小型无人机,如图 1-9 所示,可在昼夜及多种气象条件下执行侦察监视、火炮校射、目标指示和搜救等多种任务。该机最大起飞质量为 82 kg,有效任务载重为 20 kg,实用升限为 6 000 m,最大飞行速度为 160 km/h,巡航速度为 120 km/h,该机地面控制站的通信距离为 100 km,但在自主模式下航程达 800 km。UJ-22 无人机采用模块化设计,可携带多种光学传感器,也可挂载 82 mm 迫击炮弹。

③"莱莱卡-100"无人机。

"莱莱卡-100"无人机是乌克兰研制的小型战术侦察无人机,如图 1-10 所示,可常规起降,也可垂直起降,采用模块化设计,两人在 5 min 内可完成组装。该机机长

图 1-9 “天空”UJ-22 无人机

1.98 m，翼展为 1.14 m，最大起飞质量为 5.5 kg，续航时间为 2.5 h，最大通信距离为 45 km，实用升限为 1 500 m。“莱莱卡-100”无人机可挂载高分辨率相机、高清白光摄像机及夜间热成像传感器，执行大范围航空测绘及侦察监视任务。该机可按照地面终端在电子地图上规划的路线和高度自主飞行，且具备通信受阻下自主返航功能。

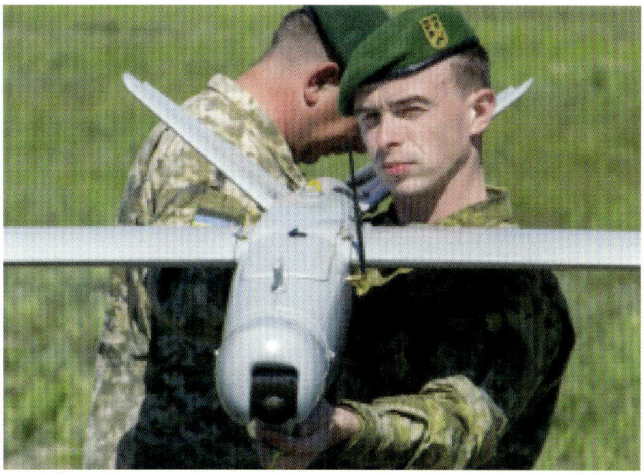

图 1-10 “莱莱卡-100”无人机

④“弹簧刀”无人机。

“弹簧刀”无人机是美国航空环境公司研制的单兵便携小型自杀式无人机（又称“弹簧刀”单兵巡飞弹），如图 1-11 所示，主要用于执行精确打击任务，可协助小规模作战单元在无空地火力支援的情况下打击固定或移动目标。

航空环境公司将“弹簧刀”的基本型编号为“弹簧刀”300，改进型号为“弹簧刀”600，后者是放大、增重的反装甲改型。“弹簧刀”300 巡飞弹长 0.5 m，质量为 2.5 kg，其中战斗部为 0.32 kg，巡航速度为 101 km/h，最大飞行速度为 161 km/h，射程为 10 km，续航时间为 15 min，实用升限约为 4 500 m，采用双模导引头，电动螺旋桨推动装置。

“弹簧刀”600 巡飞弹长为 1.3 m，质量为 22.7 kg，巡航速度为 113 km/h，最大飞行速度为 185 km/h，射程为 40~90 km，续航时间超过 40 min，实用升限约为 1 980 m；采用光电、红外传感器，配装反装甲战斗部。

图 1-11 “弹簧刀”无人机

⑤RQ-20“美洲狮”AE 无人机。

美国国防部于 2022 年 4 月 12 日授予航空环境公司一份价值约 1 974 万美元的固定价格合同，为乌克兰提供 RQ-20“美洲狮”AE 无人机系统、相关侦察监视套件，以及后勤支持和必要的人员培训服务。截至目前，美军并未公布具体援助数量。

RQ-20 无人机为小型侦察无人机，如图 1-12 所示，机长为 1.4 m，翼展为 2.8 m，质量为 5.9 kg，实用升限为 3 000 m，最大飞行速度为 83 km/h，航程为 15 km。该机配备可变焦光电、红外线传感器，采用电池动力，续航时间为 3.5 h，可手抛发射，执行情监侦、目标定位等任务。

图 1-12 RQ-20“美洲狮”AE 无人机

俄乌冲突中的乌方使用的典型无人机目标性能参数见表 1-3。

表 1-3 其他典型无人机目标性能参数

无人机	载荷	武器	特点
TB2	光电吊舱	导弹、炸弹	可摧毁防空导弹及各类地面车辆、地面设施等
UJ-22	红外/光电、瞄准	激光制导炸弹	曾被铠甲 S1 防空导弹击落
莱莱卡-100	光学传感器	迫击炮弹	航空测绘、侦察监视、路线规划、自主返航。带有三种高分辨照相机、可见光摄像机、热成像摄像机。可以垂直起降
弹簧刀	光电、红外	反装甲导弹	陆射巡飞弹,精确打击固定或移动目标
美洲狮	光电、红外	电子吊舱、通信吊舱	采用手抛发射模式

(4)我国无人机蜂群发展现状。

2017 年 6 月,中国某研究院利用装有发射器的陆空协同固定无人机"蜂群"作战系统成功完成了 119 架固定翼无人机蜂群飞行试验。该无人机机身长约为 1.2 m、飞行半径为 1.5 km,飞行时间约为 2 h,最高速度可达 150 km/h,同时,机身安装的摄影机可捕捉到 2 km 范围内的所有事物并自动进行目标识别。由于机翼采用折叠式设计,可将无人机收纳至发射管中,当被发射出来后,机翼将自动伸展,随后无人机发动机启动为其提供飞行动力,然后通过自主编队控制形成蜂群,利用机载摄像头对目标进行识别,一旦将目标锁定并接收到攻击指令后,便可飞向目标,各自展开攻击,如图 1-13 所示。

图 1-13 陆空协同固定无人机

2022 年 5 月,浙江大学科研团队研发出微型智能无人机蜂群技术。该项技术使得无人机蜂群在杂草丛生、枝繁叶茂的竹林间自由穿梭,同时,无人机蜂群可以不断地对环境进行观测和探索,自主控制编队方式,以此躲避障碍物,避免造成不必要的损伤。

该项技术成功解决了在诡谲多变的环境下无人机蜂群自主导航、航迹规划、智能避障等一系列难题,可用于火灾、荒漠、峭壁等救灾人员难以达到的环境,能更好地完成寻找搜救目标等任务,减少搜救人员的风险,如图 1-14 所示。

图 1-14 无人机蜂群穿越竹林

1.1.4 未来的发展趋势

近几年,由于无人机蜂群快速迈入实战,引起了世界各军事强国的高度重视,纷纷加大科研创新力度,其中以美国起步最早。早在 2000 年,美国国防预先研究计划局率先启动了无人机集群空中战役研究计划,提出了一种基于多智能体的非分层结构的自组织空中任务分配方法。此后,美国联合司令部、空军研究实验室、空军技术研究院等多家研究机构展开无人机集群领域的研究与论证。2014 年,美国国防部提出"第三次抵消战略",集群式无人机作战概念被正式提出,无人机蜂群作战的研究进入快速发展阶段。2015 年 9 月,美空军发布《空军未来作战概念》中描述了小型无人机集群的作战构想。2016 年 5 月,美空军发布首份《2016—2036 年小型无人机系统飞行规划》中提出多种小型无人机集群作战方式。此后,各国积极开展无人机及蜂群项目,进行无人机蜂群作战的研究和探索。

(1)全面规划未来蜂群作战战略布局。

当前,相关国家已提出并部署微型无人机蜂群战术等相关项目的开展,以美国为例,美军正在稳步推进以“小精灵”“郊狼”等项目为代表的蜂群作战关键技术研究,验证和评估低成本无人机蜂群技术的可行性。可以预计,蜂群作战将会是未来空军无人机装备的重要发展趋势,为空军提供新型高效的作战模式。

在美国国防部2017年预算中,有30亿美元投入用于人机合作及无人机蜂群执行任务的研究。对美国空军而言,类似蜂群的无人机集群作战方式未来非常有可能成为现实,并改变战争的游戏规则,是对抗假想敌国军事快速发展的有效手段。蜂群将进一步向分布式发展,采用大量的低成本、分布式、协同配合作战方式,迫使对手消耗最具价值的防空能力用于应付廉价、可消耗的武器,从而抵消对手防御相对优势,洞穿其防空系统,为后续的武器装备进入打开一个通道。

(2)积极开展未来蜂群作战模式研究。

①攻防兼备,降本增效:集群协同作战成为军队力量倍增器。

平台中心式的大型多功能无人机载荷能力强,但任务执行过程中载荷固定,成本高昂,攻击手段单一,平台或载荷部分受损后将丧失作战能力,而通过无人机蜂群技术将复杂的功能分解到大量功能单一、不同种类的低成本子系统中,在执行任务过程中,可根据需求变化实时调整载荷组合,提高了作战任务适应性和多样性。同时,网络中少量平台的损失不影响蜂群系统的任务执行能力,可实现有助于作战系统成本直线下降,并迫使对方增加成本的潜在途径,且更加经济实惠。

美国海军研究院在2012年发表的《无人机蜂群攻击》对蜂群作战模式进行了数百次模拟,结果表明,由8架无人机组成的集群进行攻击时,这些无人机可穿透目标的雷达和拦截系统发动攻击,平均有2.8架无人机能够避开拦截系统。即使舰艇防御系统进行了升级,仍至少有1架无人机能够避开拦截。这意味着可以使用大量廉价的无人机来攻击舰艇,而这些无人机的总成本仅与一枚导弹的成本相当,这恰恰是发展低成本无人机蜂群技术的主要目的。

②聚零为整,化整为零:集中指挥和分散战斗的作战概念形成。

无人机集群作战模式具有规模集群化、功能多元化、模块通用化、任务协同化的特点,相比传统以平台为中心的有人/无人作战系统,集群系统以通信网络为基础,以任务需求融合、传感器信息融合、载荷能力融合为核心,能够进行更密切的协作,获取或共享情报,加快作战节奏,提高作战效能。

2013年,美空军提出作战云概念,其核心理念是海、空、天、网络层的跨域协同,强调多域虚拟存在、高度融合与自然聚散。作战云以松耦合方式构建探测—跟踪—决策—打击—评估的完整云杀伤链。通过战场资源的高效管控、目标数据的实时处理分发共享，在云端完成目标探测跟踪、数据融合、目标指派、火力分配、火控制导、毁伤评估等作战流程，从而实现对超视距目标的先敌发现、先敌攻击、先敌摧毁。

1.2 无人机蜂群作战样式及特点

1.2.1 无人机蜂群作战样式

当前，无人机主要承担己方占据制空优势条件下的信息支持、电子对抗和火力打击等任务。总体上来说，无人机蜂群作战样式主要包括：一是精确侦察、持久监视。无人侦察机的作战任务正由战术向战役、战略范围扩展，并有逐步取代有人侦察机的势头。二是察打一体、即察即打。近年来，运用“察打一体”无人机实施定点清除行动，成为反恐作战的重要样式。三是功能分布、集群作战。美军高度重视无人机集群作战技术发展，成功完成 F/A-18 释放 103 架“山鹑”无人机集群技术验证，并正在大力推进小精灵(Gremlins)、进攻性蜂群(offensive swarm-enabled tactics, OFFSET)、体系集成技术和试验(system of systems interyration technology experimentation, SoSITE)等集群作战运用的演示验证。四是融入体系、协同运用。美军常态化联合使用 RC-135、E-3、EP-3 和“全球鹰”无人机协同对其他国家边境实施侦察，“全球鹰”无人机负责收集、掌握军事情报，测试其他国家防空系统反映情况，逼迫其他国家相关用频装备开机，其他电子作战飞机则负责收集电磁辐射参数。随着无人机技术的快速发展，无人制空作战、高超声速无人作战、有人/无人可选驾驶模式等新的作战样式也正在不断涌现。

(1)按照作战用途分析。

①分布式侦察。

无人机蜂群的分布式侦察，是指通过一系列搭载光电、红外、电磁等传感器的微型无人机，由他们组成分布式蜂群网络，集群抵近对手目标区域进行情报侦察和监视。在这种情况下，无人机蜂群各单体之间可以进行信息共享，甚至可以将多源信息融合，这样将单一来源的信息交叉印证后，就可以快速实现对目标的发现、识别、跟踪，进而实现全面准确的实时战场态势感知，提高情报侦察的效率和准确性。

②饱和式干扰。

饱和式干扰的特点在于，作战时使用大量隐身性好、机动性强的小型无人机，通过搭载干扰载荷，抵近目标区域时实施干扰作战。相较于传统基于大型集中式平台的干扰作战,它的优势是机动性能强、抗毁性好,而且可以对对手目标进行近距离、多方位干扰,干扰效果更佳、区域更广。

③高效能诱饵。

高效能诱饵是指要充分发挥蜂群无人机的不对称成本优势,具体来说就是在对手意想不到的时间和方向释放这些低成本的无人机,用于发射无线电信号或反射大量雷达回波,进而伪装成有人机、战术导弹等高威胁目标抵近对手目标区域,从而制造空袭的假象。这种作战运用,一方面可用于隐蔽攻击时间和主攻方向;另一方面可诱使对手雷达开机,既暴露对手雷达工作频率和目标位置,又占用了其探测和瞄准通道,使得其防空火力被动应对处置,可谓一举多得,为后续作战力量提供极大安全保障,作战效能显著。

④集群式攻击。

集群式攻击是指运用大量体积小、隐身性好的蜂群无人机,以各类攻击载荷或自身机体平台为武器,在预先情报信息支撑下,隐蔽抵近重要军事目标,采用大密度、连续进攻的突防手段,在某个时刻自主从多个攻击角度同时对目标实施的大规模集群攻击,在大规模火力聚合时产生 1+1>2 的增幅效果,提升杀伤威力。

(2)按照蜂群投放方式分析。

①无人机蜂群集中投放作战。

无人机蜂群集中投放作战是指由陆基或者舰载、战斗机统一在对手防区外投放,发射后的无人机在地面站的指挥下,自主寻的协同完成任务,展现了自修正、自适应编队飞行能力和集体决策能力。发射的无人机蜂群之间利用近距离射频网络共享态势信息,协同执行掩护、攻击或防御任务。

②无人机蜂群分散投放作战。

首先,无人机蜂群分散投放作战充分发挥了无人机快速响应的优势,利用大量分散的小型作战平台干扰对手整体作战系统的判断和决策,使其反应钝化,甚至瓦解作战体系。其次,无人机可以实时反馈侦察情况,实现战术层面的应激决策,并指挥各分散的子系统在作战区域前迅速行动,必要时在指定地域迅速集结,通过不断改变作战环境和情况,使对手疲于应对,从而达成行动的最佳效果。

(3)按照蜂群组网方式分析。

战场中运用无人机编组集群作战时,其构成单元通常有两种形式:一种是编组个体均相同,这样做的好处是蜂群控制简便,但其功能单一;另一种是采用异构的蜂群组合作战,集群攻击中的无人机根据搭载的载荷不同,可担负侦察、攻击、诱饵和通信中继等不同的任务,并且能够根据战场态势,自行调整作战计划,使无人机集群的综合作战能

力远远大于个体作战能力

(4)按照蜂群协同作战方式分析。

无人机蜂群在分布式组网过程中,可以有两种方式:一种是全部由无人机编组,集群遂行预定作战任务;另一种是有人/无人协同作战。例如美军的无人机蜂群"忠诚僚机"计划。美国空军认为可以把蜂群无人机作为"忠诚僚机",作为弹药运输机携带更多弹药,利用其传感器加强有人机的观察能力,也可以代替飞行员进入危险区域,使无人机群与飞行员形成紧密团队协同作战。另外,美国陆军认为可以发展蜂群无人机与车辆或牵引平台集成的察打一体化系统,包含侦察指挥车(携载侦察无人机)、战车(可运输并发射至少 20 架无人机)及综合地面控制站。

(5)按照实际作战空间分析。

①无人机蜂群空对地作战。

在这种形式下,由于现有的地面防空武器系统主要用于探测和拦截数量少、大尺寸、高速度、远距离的飞行器,对于无人机蜂群这种以数量优势和成本优势取胜的作战体系而言,基本不具备有价值的作战能力。因此,无人机蜂群在对地作战过程中,具有很大的非对称作战优势。此外无人机蜂群在对地作战中,主要进行以下几类任务:区域侦察、防空压制、电子对抗、火力诱骗、火力攻击。

②无人机蜂群空对海作战。

在这种情况下,由于现有的水面舰艇机动能力差、经济价值高,在应对低慢小目标时能力不足,使得其成为低成本、数量多的无人机蜂群作战的理想目标。无人机蜂群对海作战过程中,主要是对海面高价值的航空母舰、驱逐舰、战斗舰等遂行抵近、干扰压制、火力打击,消耗对方火力资源等任务,基本与对地的作战任务相同。以美军"宙斯盾"舰载武器系统为例,这套系统集成了相控阵雷达、127 mm 舰炮、"密集阵"近防武器系统、多类传感器等高科技武器系统,是目前世界上最先进、最成熟的防御体系。但就是这一先进的防御系统,在应对无人机蜂群作战时,仍显得力不从心。为什么这么说呢?这一结论其实来源于美国海军数百次的模拟试验。试验结果表明,当 8 架以上无人机蜂群同时对"宙斯盾"系统发起攻击,那么平均有 2 架无人机就可能有效突破"宙斯盾"拦截系统。

③无人机蜂群空对空作战。

无人机蜂群在对空作战过程中,一是可以利用自身的数量优势,对对手空中的作战力量(例如有人机、无人机等)实施防空压制、火力攻击、电子干扰等;二是执行反无人机蜂群任务。事实证明,当采用规模庞大的集群战术作战时,很容易被对手捕获,而采用数量庞大的小型或微型无人机蜂群作战时,留给对手的反应时间极短。传统防御方法在对抗规模庞大的无人机蜂群时，也显得有些力不从心。如果换个思路，采用无人机蜂群对抗无人机蜂群的作战模式，或许更见成效。

④无人机蜂群对城市作战。

谈到无人机蜂群在城市作战方面，主要有两方面的作用：一是制造恐怖气氛，例如在一些大型活动，如群众庆典、阅兵仪式等，极端分子利用无人机蜂群的隐身特性，携带爆炸燃烧物、反动宣传品等在现场上空投放或降落，造成恶劣的政治影响；二是为地面单元护航，大量无人机飞临城市上空，或制造烟雾，或吸引对手火力，可为城市作战的顺利前行开辟通道和保驾护航。

1.2.2　蜂群作战的主要优势

(1)平台微型化、易于隐蔽突袭。

无人机蜂群作战时主要是小型无人作战平台，且采用复合材料，雷达反射面积小，具有较强的低可探测性，对手难以远距离探测，可有效压缩对手反应时间，使对手来不及反应和进行拦截。外军测试表明，当“蜂群”无人机以 250 km/h 的速度攻击时，“宙斯盾”舰载防空系统雷达探测发现到目标后，仅有 15 s 的拦截时间。即便由于集群运用使目标特征增强，被探测发现的可能性增大，但通过分布式部署、多方向同时突入，一样能够以较高的突防概率有效突破对手防御体系，渗透至预定作战区域并抵近重点、要害目标，快速形成局部的高密集性部署和全方位的攻击态势，达成作战的突然性。

(2)机体廉价化，利于消耗作战。

相对于防御武器系统，“蜂群”无人系统具有较好的低成本优势和较高的效费比，可以不计损失地大量投入，有效毁瘫对手高价值目标并同时消耗其造价昂贵的弹药，使对手因难以承受非对称消耗而造成持续作战能力降低甚至作战失败。比如，“蜂群”无人机的单价通常在万余美元，而一枚防空导弹则在百万美元以上，攻防双方成本差距巨大，在面对无人机“蜂群”攻击时，防御一方往往会陷入“防不住”“打不起”的困境。另外，由于“蜂群”无人系统结构相对简单，可利用增材制造或敏捷制造技术，快速大批量生产，迅速补充并投入作战，能够极大地提高作战持续性，始终保持进攻作战的高压态势。

(3)数量规模大，宜于饱和攻击。

无人机“蜂群”的最大优势就是数量优势，即通过大量不同功能类型无人系统的集群运用、协同作战，造成对手防御体系在探测、跟踪和拦截能力上的迅速饱和，从而因为系统“超载”而导致体系瘫痪。例如，现代防空系统虽能一次跟踪上百个目标，但真正能够有效拦截的仅有十余个甚至更少，而且待发射导弹数量有限，再次装弹时间长，在面对一次大规模的无人机集群式攻击时,将很快耗尽弹药而没有反击机会。因而有专家认为,无人机"蜂群"作战不需要非常高的精确性和自主性,只要25%的无人机能够接近并命中目标就足够。同时,由于大量无人系统多点投放,不同高度、不同方向同时或连续进入,也将使对手因防御力量分散而陷入被动应对的状态。

1.2.3 无人机蜂群作战的缺陷

通过分析,我们了解到虽然无人机蜂群作战有诸多的优势,但受限于当前制造工艺、操控技术、人工智能等科技水平,无人机蜂群作战仍存在很多不足,主要表现在以下3个方面。

一是单机能力弱。与制空型无人机相比,用于构建蜂群的无人机存在探测能力弱、机动性差、航程短、持续打击能力有限等问题。美军无人机"蜂群"大多采用的是微小型无人机,其飞行速度慢,续航时间短,配置任务载荷后,机动能力会进一步降低。这就意味着载机平台必须突防到距离对手较近的空域,完成"临门一脚"释放无人机"蜂群",导致被发现和拦截的可能性增大,进而使无人机"蜂群"的实战意义大打折扣。因此,如何实现小质量、小体积、高能量的无人机能量配备,目前仍是限制其实战应用的一个重要问题。

二是导航通信问题。无人机"蜂群"电磁特征明显,必须依靠地面站的指挥控制信息和卫星导航信息来实现自身的定位和对目标的侦察打击,高度依赖导航链路、机间链路和控制链路,一旦离开这些辅助,无人机就不能有效发挥作用。通过验证,大功率的干扰压制和导航诱骗对无人机"蜂群"效果较为明显。伊朗成功俘获多架美军无人机,俄罗斯驻叙利亚部队多次挫败对手无人机集群袭击,原因就在于成功地对无人机"蜂群"破网断链。

三是指挥控制问题。数量规模庞大的蜂群自组网不仅需要依赖实时传感器进行定位,态势感知和任务分配,还要利用自组织算法对蜂群内部的各个单元进行编队自适应控制,以克服障碍、气象等问题,实时指挥控制难度较大。例如,无人机蜂群在进行路径规划时,由于微小型无人机续航能力弱,执行任务前通常要为其规划一条从起点至目标点的最优航迹。然而,由于战场情况瞬息万变,对无人机"蜂群"航迹进行优化是一件极其复杂的事情。在实战过程中,如何解决航迹规划算法对环境变化的实时适应,是无人机"蜂群"航迹规划需要深入研究的重点问题。

第2章　无人机蜂群反制技术与战法

随着科学技术的发展和作战样式的改变,防空的内涵和外延不断扩大,高新技术和作战手段日益丰富。各种"低小慢"无人机系统开始在战场上大量应用,并伴随集群作战的新趋势,常规手段难以有效应对。在沙特石油遇袭事件、纳卡冲突中,无人机发挥了重要作用,直接或间接影响了整个行动的进程和结果。很多作战场景中,多架无人机集群协同使用,实现了单架无人机难以完成的作战任务。可见,无人机蜂群作战已经成为趋势,迫切需要研制相应的装备和有效的反制技术。因此,很多国家开始积极探索针对性的反制装备与技术。

2.1　无人机蜂群反制技术

反无人机蜂群体系大致分为探测、干扰、毁伤3个层次,对于飞行高度较高的大型无人机可以通过防空系统进行反击,目前已有类似实战案例。但对抗飞行速度较慢且接近地面的中小型无人机及无人蜂群,则需要新的解决方案。目前,激光武器、高能微波、高射机枪、电磁干扰枪、生物捕捉及捕捉网等技术正在进行试验验证。

2.1.1　探测预警与定位技术

有效对抗无人机的第一步便是需要及时发现可疑的无人机威胁。探测预警技术通过主/被动手段探测无人机,并将其与生物体或其他干扰物区分,在确认威胁后持续跟踪、精确定位,为后续干扰或攻击提供有效提示和瞄准支持。探测预警与定位是反无人机中最大的难点,特别针对日益增多的小型低空无人机。低空无人机的有效散射面积几乎与鸟的有效散射面积相同,城区环境尤为如此。可以说,当有效散射面积在0.1~0.3 m^2 时,几乎难以区分鸟或无人机,只有在无人机有效散射面积达到2 m^2 以上,才可以很好地区分。

反无人机系统可以使用多种方法探测对手或未授权的无人机,包括地面目视侦察技术、雷达跟踪技术、空中预警技术和卫星侦察技术等,主要解决探测、识别、跟踪、预警等问题,为后续反无人机作战行动提供情报支持。雷达探测技术具有探测距离远、技术成熟等优点，但在探测小型无人机方面存在弊端，一般是通过提升现役军用雷达滤除各类杂波，使其具备对一般性空中目标的监视和对小型无人机的探测追踪。射频技术通过无人机发出的电子信号或者对环境造成的电磁干扰追踪目标，可以有效地发现隐匿在复杂地形环境中常规手段难以发现的无人机。视频探测技术综合利用可见光红外传感器实现对无人机的快速探测和有效识别；音频探测技术利用高灵敏度声音传感器，采集不同型号无人机螺旋桨发出的声音，实现对目标的发现和追踪，还可利用声纹特征对比预置数据库，从而判定目标类型。

2.1.2 非动能干扰技术

针对无人机蜂群的主要攻击手段包括软杀伤和硬杀伤(摧毁)两种。软杀伤也就是通过干扰射频控制/通信信号、导航信号或实施“黑客”攻击控制元件来控制和接管无人机。对于发射系统的要求是在方向和频率上尽可能集中，不会造成不必要的附带毁伤。从工作原理上来说，软杀伤攻击的对象既可以是无人机上的部件/子系统，也可能是其配备的重要有效载荷，从逻辑或功能上使其“失能”“失效”或“失联”，从而降低或消除潜在的威胁。根据对象和使用场景的不同，软杀伤附带毁伤小，更适合用于城区，特别适合于对付目前民用领域比较多的微型无人机和小型无人机，因此非动能软杀伤成为目前对付无人机的主要手段。

(1)干扰阻断技术。

无人机的飞行控制、数据传输及导航定位功能均依赖无线电通信，当相应链路因受干扰而被阻断时，将导致功能失效，从而实现驱逐或打击目的。屏蔽干扰类反无人机系统主要通过雷达、声波、红外等多种技术手段对入侵的无人机进行位置锁定并进行实时的跟踪，该设备主要用于对某些特定空域的监控，多模式的监控手段可有效监测入侵无人机，配合高集成的射频电路和链路干扰系统对入侵无人机实施网络入侵、发送虚假诱导信号、切断通信导航等干扰。

(2)欺骗控制技术。

无人机在作战应用中高度依赖机载电子设备，欺骗控制型反无人机电子战系统主要是对无人机的卫星导航信号、遥控数据链路和电子元器件进行诱导控制。特别是针对需要与地面控制站传输遥控指令和战场信息的侦察型无人机，采取伪装、欺骗等手段诱导无人机接收虚假或错误信息，或侵入目标系统，致其降低或丧失执行任务能力，以实现打击和反制。2011 年 12 月，一架美军 RQ-170 哨兵无人机在侵入伊朗领空后被伊朗捕获。伊朗利用美无人机卫星导航信号易被干扰的弱点，首先切断无人机与地面控制站的通信链路，之后为无人机重构虚假导航坐标，最终诱使无人机降落在伊朗境内，且无人机自身携带的自毁程序未被启动。

2.1.3 火力毁伤技术

当无人机对防卫区域可能造成极端危害或引发严重影响时，可以采用特定手段直接攻击目标实体，致其失效、毁坏并坠落，主要包括以下手段。

(1)高炮和防空导弹。

高炮和防空导弹是传统的防空武器系统，也是最常用的反无人机武器。其优点是技术成熟度高，缺点是拦截命中率较低、导弹拦截成本高，不适用抵御大编队无人机群，且附带损伤大，在未发生战争冲突前或非战争军事行动中使用存在诸多限制。根据美、俄两军在反无人机作战中的实际运用，通常只对大型或中型无人机使用防空导弹或反导武器实施硬杀伤。

(2)高能激光武器。

激光武器对付无人机的效果取决于集中在无人机上的能量，而这与激光器的输出功率、天气情况、激光束的发散角、作用距离等多种因素有关。一般来说，激光武器的功率越高，则效果越好。因此，首先影响激光武器杀伤效果的是激光武器的输出功率，其次是通过优化光束控制等方式提高激光束的聚焦能力，降低大气畸变对激光束的不利影响。除了高能激光器外，一套完整的激光武器还包括光束控制/发射系统及相应的目标跟瞄系统。随着这两种系统的改进，激光武器还可以有选择地在无人机上的薄弱部位进行针对性的打击。同时激光武器的成本也尽可能地保持在低水平，使其能够大量单独配置，或通过多个系统的组合实现大范围覆盖。

(3)高功率微波武器。

激光武器通常需要在几秒内集中照射一个目标才能消除目标。与激光武器相比，高功率微波武器在功率和能量水平上更高，能够更快速地消灭目标。从工作原理上来看，高功率微波武器发出的干扰脉冲，可以直接作用于无人机上用于飞行和控制的核心电子元器件，可以在数毫秒内烧毁目标内部的电子元器件，使进入微波束扫射面的无人机失效，能够更有效地消除无人机或无人机蜂群。

(4)特制无人机。

合成孔径雷达、信号情报载荷、干扰装置、通信中继载荷等有效载荷技术的发展，使无人机任务范围得到极大拓展。同时，自主组网、任务动态调整、自动化技术也为无人机反无人机打下了坚实的基础。未来战场很可能会出现以无人机对抗无人机的场景，无人机依靠空对空雷达探测并定位对手无人机，之后利用携带的武器系统击落或使目标瘫痪。无人机以自身为武器，采用追击撞杀、爆炸破坏或搭载武器等方式对目标实施打击。此类武器反应迅速,打击效率较高,因有飞控手控制而有一定容错率。但由于是以摧毁为目的,打击后无法进行溯源,且目标失控坠落可能造成连带损伤。

2.2 无人机蜂群反制战法

通过深入研究无人机技术、战术特点和行动规律,针对要害部位和薄弱环节,总结出一套侦、防、扰、阻、打等手段相结合的反无人机蜂群战法。侦,即早期预警,尽远跟踪;防,即隐真示假,伪装欺骗;扰,即电子干扰,控骗结合;阻,即灵活设障,立体拦阻;打,即软硬并施,联合打击。通过多种手段综合使用,相辅相成,尽早、尽远消灭无人机蜂群,无人机蜂群反制战法如图 2-1 所示。

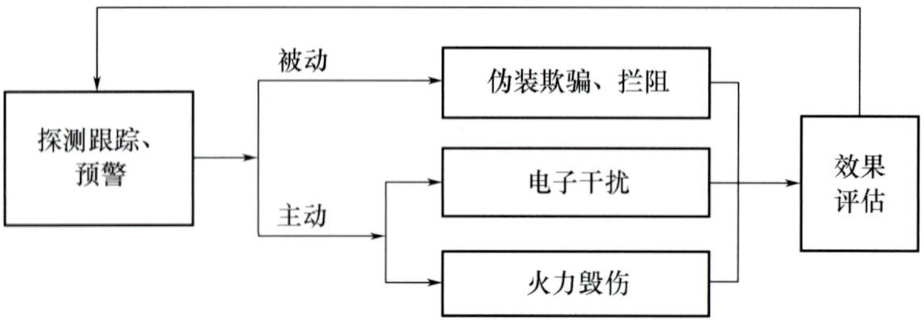

图 2-1 无人机蜂群反制战法

2.2.1 早期预警,尽远跟踪

根据雷达装备性能,统一配置、优化组合,针对性配备光学、红外探测装备,弥补雷达侦察的不足,构建空中、地面综合一体的探测网络,形成全方位、多层次、有重点的对空侦察体系,提高对无人机的侦察监视能力。构建信息共享、快速高效的情报传递和处理系统,提高情报的传输速度,增强自动化处理水平,为有效处置预留充分时间。

2.2.2 隐真示假,伪装欺骗

利用多种手段对作战指挥机构、高技术兵器阵地等重要目标进行隐蔽伪装,增大对手无人机侦察、探测、作战的难度,降低其执行任务的效果。除充分利用地形地物和不良天候外,还可施放烟幕、设置人工遮障、铺设伪装器材和实施复合伪装,对抗对手可见光、红外、电子、雷达等多种侦察或打击。

2.2.3 电子干扰,控骗结合

加强对对手无人机的电子侦察,及时跟踪和捕捉其机载电子设备的电磁频率等技术参数,锁定其工作波段,集中电子战飞机、地面电子干扰器材等电子战设备,对其工作波段实施集中的电子干扰和压制,扰乱对手通信联络,毁伤对手电子元件,降低其情报获取能力和自主飞行能力。另外,可使用专用设备对对手无人机实施电子诱偏、捕控等行动,使其丧失战斗力。

2.2.4 灵活设障,立体拦阻

针对无人机蜂群个体应变能力弱、固定程序性强的弱点,结合无人机的活动规律及战场情况,预判对手机航线,提前部署高空气球、低空悬浮雷、中空飘浮雷等障碍物,形成立体障碍雷场,全方位拦阻无人机蜂群攻击。也可布设装有遥感技术和自适应控制设备的空中智能雷,自动寻的和攻击,提高攻击拦阻的综合能力。还可设置电子围栏等电磁屏障,使得进入围栏区的无人机获得错误导航信息,自主迫降或返航。

2.2.5 软硬并施,联合打击

将电子压制、欺骗干扰等软杀伤手段,高能激光、高功率微波等定向能武器,空中打击力量和地面防空火力等硬摧毁手段联为一体,构建远、中、近相结合的多层、多道拦截网,形成立体、多维、高效的反无人机蜂群作战体系。作战过程中空地行动要统一指挥,密切配合,相互衔接,充分发挥各种手段和装备的作战效能,合力抗击对手无人机蜂群。

2.3 无人机蜂群反制作战部署

根据无人机蜂群作战特点和对抗装备体系作战能力,反无人机蜂群空袭作战应形成梯次、环形、机动式兵力部署,构成全纵深、全方位、全链路的防空作战体系,让察打效能最大化。

2.3.1 梯次配置,综合部署

整体部署上,根据无人机蜂群空袭的灵活性、突然性强的特点和装备的性能,将防空兵力、兵器尽量向前推进,扩大防空范围,由前至后建立多道对空防线,确保能够尽远发现、尽早处置。根据作战区域,划定每道对空防线的作战范围,对空防线由侦、扰、打等多手段对抗武器共同构建,有独立应对无人机蜂群空袭的能力,确保一道防线被突破后,整个防御体系仍然具有抵抗能力。

2.3.2 突出重点,环形部署

局部部署上,根据掩护目标的性质、数量、重要程度和分布情况,进行排列组合,确定重要目标的优先级。针对无人机蜂群来袭数量大、方向多的特点,结合装备的作用距离、防御扇角和作战区域的地形环境,将不同装备围绕目标进行环形部署,使各种装备的防空区域相互衔接,使整个空防区形成一个或数个相对封闭的环形。同时,在兵力使用上,要优先将先进兵器用于主要方向上,以增加对主要来袭方向对手的发现率和毁歼率。

2.3.3 以动求存,机动部署

具体部署上,单纯的静态防空部署难以应对机动性能强的无人机蜂群空袭,一旦暴露,易遭摧毁。因此,在反无人机蜂群作战中必须强调动静结合,以静待机,以动求存。在梯次、重点部署的基础上,一方面机动性强的防空武器(如车载系统、便携武器等)要进行广泛机动,实施游猎打击;另一方面机动性较弱的防空武器(如雷达、防空导弹等)要选择多个预备阵地,频繁、快速实施机动转移,并搞好伪装防护,提高战场生存能力。

第 3 章　反无反群装备及毁伤机理

3.1　反无人机装备技术概述

近年来，世界军事强国加快研发反无人机及其蜂群的装备，尤其是在反制微小型无人机蜂群方面，取得了显著进展，反微小无人机产业呈指数级增长。通过调研 33 个国家 155 家制造商生产的 230 多种反微小无人机装备，其中使用最广泛的无人机探测技术是雷达、射频探测、光电和红外，使用最广泛的拦截技术是干扰拦截。反微小无人机装备统计见表 3-1。反微小无人机装备拦截方法见表 3-2。

表 3-1　反微小无人机装备统计　　单位：种

仅用于侦察探测的装备	88
仅用于拦截的装备	80
既可探测又可拦截的装备	67
反微小无人机装备总数	235

表 3-2　反微小无人机装备拦截方法　　单位：种

干扰（RF 干扰/GNSS 干扰）	96
网捕	18
欺骗	12
激光	12
机炮	3
电磁脉冲	2
水射流	1
牺牲无人机碰撞	1
其他	6

235 种反微小型无人机装备统计如下：

(1)其中 88 种装备仅用于侦察探测,而 80 种装备仅用于拦截。

(2)至少有 67 种装备被宣传为既能探测又能拦截。

(3)大多数装备(177 种)是为地面使用而设计的,35 种装备设计为手持式,18 种装备安装在无人机上,2 种装备由陆基和手持元件组合而成,1 种装备由陆基和无人机元件组合而成,2 种产品不受平台限制。

(4)在 155 种能够探测的系统中,95 种主要采用单一传感器类型,而至少 60 种采用一个或多个传感器类型的组合(我们将光电和红外传感器视为不同的探测元件,尽管这两个传感器通常不结合使用)。16 种装备采用 4 个或 5 个不同传感器类型的组合。

(5)大致 60 种装备采用雷达、射频检测和光电传感器,53 种装备采用红外,21 种装备采用声传感器。

(6)147 种能够拦截的装备中,约有一半依赖于单一技术,一半依赖于两种或两种以上技术(我们将射频干扰系统和全球导航卫星干扰系统视为不同的系统,尽管这两种系统往往不结合使用)。

(7)干扰(射频和全球导航卫星系统)是装备中最常见的拦截方法:88 种装备仅依靠某种形式的信号干扰,而另外 8 种装备采用干扰和另一种技术。大约 30 种装备仅仅依靠动力学手段拦截和摧毁有目标的无人飞行器,而 5 种装备同时具有干扰和动力学元素,12 种装备具有欺骗功能。

反无人机技术已经在某些实战场景中得到了广泛的应用。在战场上,反微小无人机蜂群装备最常用于对火力单元和作战人员的保护,补充现有武器末端防空能力的不足。同样,人们对可用于保护地面作战单元、车队的便携式、移动式装备也越来越感兴趣。在民用领域,反无人机装备迄今主要用于机场的空域保护、大型活动(如演唱会、运动会等)期间的安全、贵宾保护和反走私行动。未来的常见应用可能包括敏感设施周围的空域防御,港口安全、海上安全和私人财产的保护。

在发展新型的反制无人机装备的同时,现有的武器同样用于应对无人飞行器。例如,以色列已使用美国制造的爱国者导弹防御系统拦截无人机,该系统本用于拦截来袭导弹和火箭,但目前至少两次击落无人机。最近,俄罗斯军方使用未公开的电子战措施,对两架无人机进行协同攻击,使其失效。以色列军方使用舰炮摧毁了一架伊朗在叙利亚境外活动的无人侦察机。

战场上的无人机武器受到越来越多的关注,一些大型防务公司正在为反击无人机作战研制新型装备。例如,雷神公司声称其 C-RAM 防空系统传统上用于防御迫击炮和其他炮弹,现对慢速无人机同样有效,如图 3-1 所示。诺斯罗普·格鲁曼公司的 G/ATOR 防空雷达已经积极发展了十多年,现也将用于探测无人机和其他空中威胁目标。2016 年,美国陆军给洛克希德马丁公司拨款 2 780 万美元,以调整现有的 A/TPQ-53 雷达性能,从而拓展探测无人机的功能。

图 3-1 近防炮拦截无人机

目前反无人机蜂群作战的硬毁伤技术主要包括反无人机导弹技术、激光武器技术、微波武器技术、格斗型无人机技术和常规火力毁伤技术等,运用这些技术的反无人机武器装备组成地面-空中火力打击网,依据侦察情报系统提供的情报信息,采取适当措施,运用合理的战术战法,对无人机及蜂群实时实施火力摧毁。

防空导弹系统命中精度高,火力毁伤效果好,但相对于无人机来说,价格过于昂贵,以俄罗斯反无人机导弹系统为例,2018 年 1 月,俄驻叙利亚军事基地及补给站遭到无人机袭击。俄军运用无线电干扰技术成功截获 6 架无人机,其余 7 架无人机遭到铠甲-S1 防空导弹系统的硬毁伤。但是铠甲-S1 的单枚导弹价值较高,若用于打击无人机蜂群,效费比较低。

激光武器是通过发出激光束对无人机机尾、机翼、控制系统等关键部位进行灼伤,命中精度高,可有效抵抗对手无人机电磁干扰和抵近袭扰。高功率微波武器可运用高能电磁脉冲对对手无人机进行高压击穿,并且频谱覆盖范围广,对无人机的毁伤区域大,目前是应对无人机蜂群最有效的武器之一。

由于电子干扰类系统技术门槛和成本相对较低,国际市场上的大部分反无人机系统均是基于此类系统研发而来。以美国 Battelle 公司的 Drone De-fender 反无人机枪和欧洲空客公司的 Counter UAV 电子反无人机系统为例,其主要工作原理是向目标无人机定向发射大功率干扰射频信号,从而切断无人机与遥控器之间的通信链路,迫使其自行降落或者失控返航。

多家英国公司合作开发出一套集探测、跟踪和干扰功能于一体的反无人机系统，该系统由一个 4 频段射频抑制/屏蔽系统、一部光学干扰器和快速部署模块组成，能够部署在固定位置或移动平台上操作，可以干扰、压制 1.6 km 以外的威胁无人机，瞄准目标只需 10~15 s。

俄罗斯在软对抗无人机作战体系方面，已初具反无人机作战能力。除“汽车场”和“驱虫剂”外，还列装“克拉苏哈”“蔷薇航空”等电子战系统。其中，“蔷薇航空”能识别 10 km 范围内的无人机遥控信号，然后进行欺骗或压制。此前，俄罗斯曾使用电子战手段在乌克兰俘获 MQ-5B“猎人”和 RQ-11“大乌鸦”无人机。

澳大利亚 DroneShield 公司推出的反无人机解决方案包括“无人机战术干扰枪”和“Mk Ⅱ型无人机干扰枪”，其干扰频率通常用于切断小型无人机的远程控制和视频传输功能。据该公司称，这些干扰频率往往会导致无人机自动着陆，迫使其被完整俘获或被迫返回出发点，从而有利于追踪操控者。

KB 雷达设计局 2017 年在阿布扎比国际防务展览会上公布其便携式 Groza-R 反无人机系统，该系统旨在对抗商用多旋翼无人机和较小的固定翼无人机。除干扰 2.4~2.485 GHz 和 5.76~5.88 GHz 的射频通信外，它还可以截获 GPS、“格罗纳斯”“伽利略”和“北斗”系统的卫星导航信号。

3.2 典型无人机目标特性分析

3.2.1 总体特点和工作模式

以美国研制的“弹簧刀”无人机为例，“弹簧刀”无人机在设计之初就定位为一次性使用的、为步兵排提供侦察支援和精确火力打击的无人机，该机全长 61 cm，包括发射筒的质量为 2.5 kg，一个士兵就可以轻松携带。

“弹簧刀”无人机采用了鸭式气动布局。在发射前的折叠状态时，前翼向后折叠，后翼向前折叠。初型的垂直尾翼向下翻转 180°与机身贴合。最新型则增大了垂直尾翼的高度和面积，采用旋转 90°与机身贴合的设计。发射前，其螺旋桨亦处于折叠状态，各个翼面在折叠状态下与机身浑然一体，不多占用空间，有效缩小了发射筒的尺寸。“弹簧刀”无人机的机身采用非圆截面设计，机头部有半球状云台，以容纳光学和红外摄像机，如图 3-2 所示。

“弹簧刀”无人机射出去后，主控计算机控制机身上的旋转轴，带动前后机翼和垂直尾翼展开。螺旋桨随着电机的运转，在离心力的作用下自动甩直，开始提供推力。固定在旋转轴上的机翼具备可变后掠功能,当巡飞时减小后掠角,提高低速时的失速裕度和操纵性。接近目标时则增大后掠角,减小阻力提高飞行速度,增加攻击的突然性。由于采用了可变后掠翼技术,“弹簧刀”无人机可以在 101~157 km/h 的速度范围内飞行,追击地面车辆游刃有余。

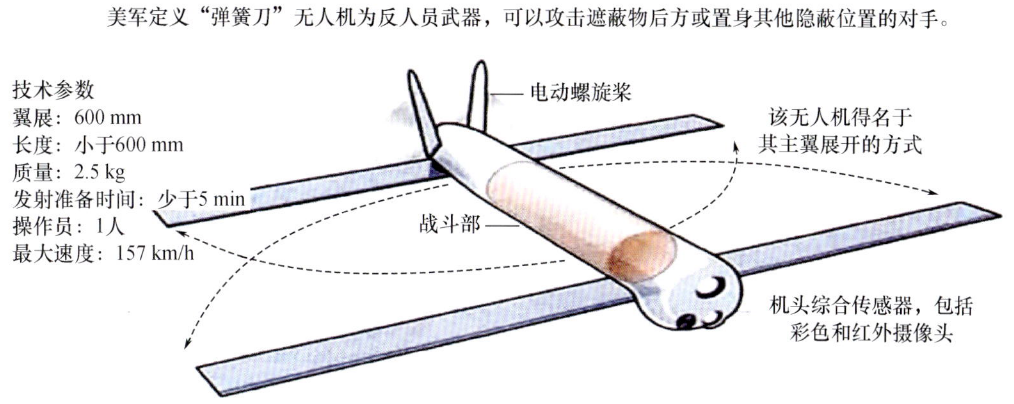

图 3-2 “弹簧刀”300 无人机(旧款)

3.2.2 “弹簧刀”无人机系统基本组成

“弹簧刀”无人机的基本组成包括发射装置(发射器)、操纵控制装置(飞行器+地面站),如图 3-3 所示。

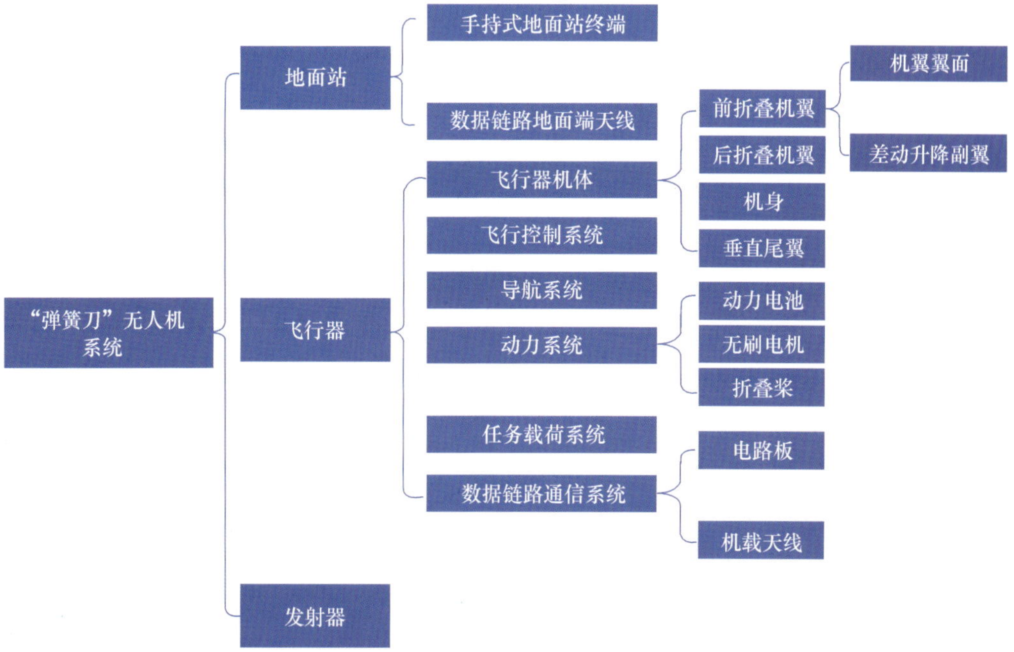

图 3-3 “弹簧刀”无人机系统基本组成

(1)发射装置

美国“弹簧刀”无人机系统的发射装置是其核心组成部分之一,设计旨在实现快速部署、单兵操作和高度便携性。其关键特点:一是一体化发射管。“弹簧刀”无人机折叠后封装在防水、抗冲击的轻型发射管中,兼具存储、运输和发射功能。发射管长度约30~50 cm(型号不同尺寸有差异),质量仅2~5 kg,可由单兵背负。二是冷发射技术。采用压缩气体(如惰性气体)弹射,而非传统火药推进。这样降低了噪声、后坐力和热信号,隐蔽性极强。无人机被弹出后,在安全距离外(通常离发射点10~20 m)启动发动机,避免伤及操作员。

(2)操纵控制。

“弹簧刀”无人机在自主飞行时,操纵手可以放下发射装置,拿起移动地面站控制飞行。其地面站只要在发射前对通信链路进行对码就可以通用,不用额外训练。通用化的设计降低了采购和使用成本,减少了装备数量,缩短了人员培训周期。

受限于无人机和移动地面站信号发射的功率,“弹簧刀”无人机的受控距离只能达到10 km,但对于当前步兵班2 km内的交火距离而言已经足够。“弹簧刀”无人机内置了高灵敏度的信号接收天线、视频信号发射天线和GPS天线,分别用于接收地面控制信号、向地面传输无人机所拍摄的视频信号、接收GPS卫星信号用于导航等。在飞行的大部分阶段,“弹簧刀”无人机无须操纵手干预,可以自动调整飞行姿态。如果想改变攻击目标,操纵手还可以随时解除攻击状态,无人机将寻找下一个目标。

美国SRC公司还为“弹簧刀”无人机提供了一种改装套件,包括传感器和配套软件,如图3-4所示。通过地面小型反炮兵雷达和电子干扰系统的辅助,使“弹簧刀”无人机具备攻击低空低速飞行器的能力。当对手小型无人机低空突防时,己方雷达只要发现它,就立即启动干扰系统,切断对手无人机的通信,随后引导在附近巡飞的“弹簧刀”无人机对其进行攻击。“弹簧刀”无人机配套的反炮兵雷达和电子干扰系统都可以安装于悍马车上,实现对小型无人机的移动防空能力,并且提高了系统的生存能力。

在反恐战争中,美军巡逻队常遇到小股对手的武装袭击,巡逻队在遇到对手重机枪、迫击炮等火力压制时,来不及召唤攻击机、武装直升机或者远程炮兵的火力支援,而只能依靠巡逻队自身武器反击。“弹簧刀”无人机装备巡逻部队,给美军巡逻队提供了新的作战模式,可遂行发射任务并攻击对手近程目标。

3.2.3 无人机主要工作流程

(1)发射。

“弹簧刀”无人机的发射装置,由发射筒、折叠支架和底座组成,只需要花费几秒钟

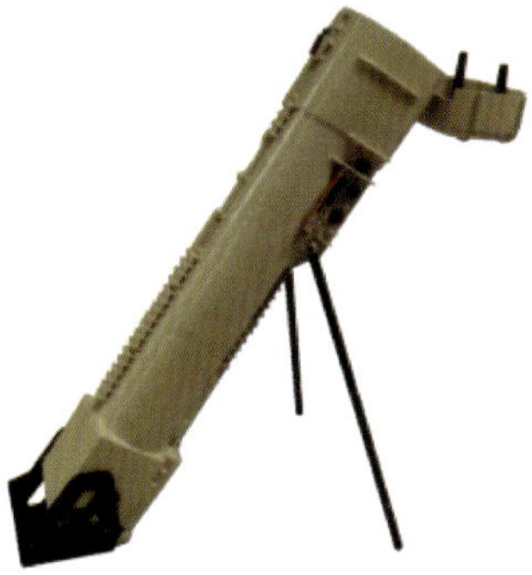

集成发射控制的发射器

配平板电脑控制器的火力系统

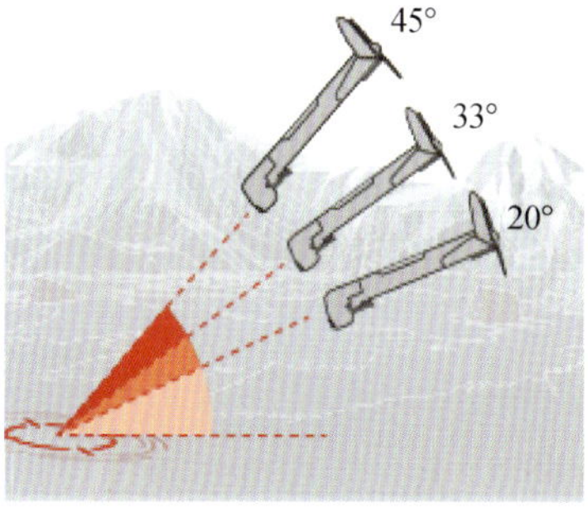

用户可选择攻击角度

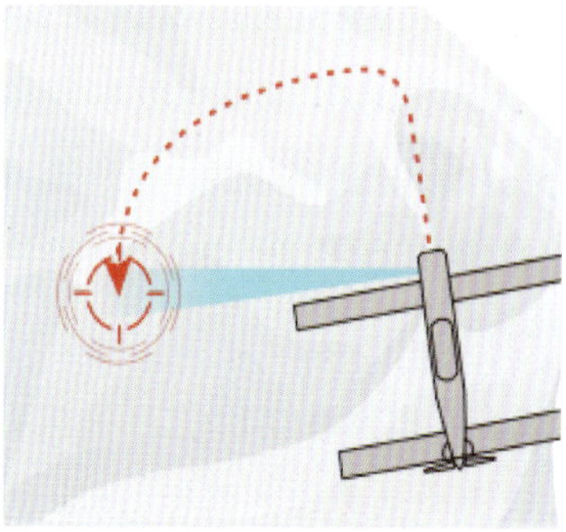

左手点击

图 3-4 "弹簧刀"300 无人机(新款)

时间将支架和底座展开放置于平地上,发射角度就可以固定好。随后操纵手一只手握住发射筒上端保持发射筒稳定,另一只手按动开关,释放出高压气体,推动发射筒下端的活塞高速运动,将弹簧刀无人机弹射出去。活塞与发射筒底部用一根限位绳相连,防止活塞随无人机飞出。采用高压气体驱动的设计理念和航母的蒸汽弹射器活塞的设计如出一辙,具有噪声小、无尘、使用方便、操作安全的特点。虽然相对精密的活塞提高了发射筒的加工成本,但非常适用于轻型无人机,有利于步兵分队和特种作战部队。

(2)展开。

“弹簧刀”无人机离开发射筒后，前翼、后翼、垂直尾翼在弹簧力下展开，电机启动，折叠螺旋桨也在离心力作用下展开。有部分报道说，“弹簧刀”300无人机的前翼折叠角度可以自主连续变化，实现自主变后掠的功能，以实现低速巡航和高速攻击两种飞行模式，这种说法目前没有直接证据。以“弹簧刀”300无人机的结构和残骸照片来看，并没有发现支持前翼连续便后掠的机构，这种说法存疑。

(3)巡航。

“弹簧刀”无人机顺利展开后可以开始执行工作，工作过程中，无人机和地面站之间可以双向通信，无人机能够通过数字链路向地面站发送采集的图像、视频和飞机的遥测信息(位置、高度、姿态、各传感器工作状态等)，地面站也能通过数据链路向无人机下达各类指令，例如改变航线、攻击目标、返航等。如果机载天线、机载数据链路电路发生损伤或电磁环境恶劣导致通信故障，无人机将失去与地面的联系，根据失联后保护逻辑的不同，无人机可能会执行盘旋等待、自动返航或原地降落等各类指令。无人机要按航线飞行，必须有卫星导航系统提供定位功能，如果无人机的GPS天线或导航电路模块出现问题，无人机可能会执行原地盘旋、原地降落等各类指令。

(4)任务载荷。

“弹簧刀”无人机搭载有丰富的载荷：可见光、红外、激光测距仪，如图3-5所示，“弹簧刀”300无人机的型号演变版本较多，有的版本在机身左侧还有额外的可见光摄像头，以方便在盘旋时锁定目标。“弹簧刀”无人机后续带转台的载荷也是只能在正前方和左方90°之间转动，因此，其盘旋跟踪目标的模式应为左盘旋跟踪。

(5)攻击。

“弹簧刀”无人机发现高价值目标进行攻击时，可以通过操纵无人机前翼上的两个舵面，使无人机俯冲加速攻击目标，还未见“弹簧刀”无人机有自动锁定目标自主攻击的详细报道。以目前无人机的控制和导航技术水平，可以实现通过可见光摄像头锁定目标并引导无人机飞向目标，同时也支持手动控制攻击目标，本质上类似于电视制导方式。

(6)回收。

有报道说“弹簧刀”无人机可以伞降回收，就目前发现的残骸照片来看，常规版本的“弹簧刀”无人机并未配备降落伞。国内不少仿品有伞降回收的功能，但不可避免的，伞降系统的加入会占用一定的机载空间，增加开伞机构，影响续航能力。对于不带降落伞的“弹簧刀”无人机回收时可以考虑拦网回收，其动力装置在尾部，且可折叠，因此不怕机头撞拦阻网后导致螺旋桨折断。机腹着陆滑跑也能降落，但需要高超技艺，真实的

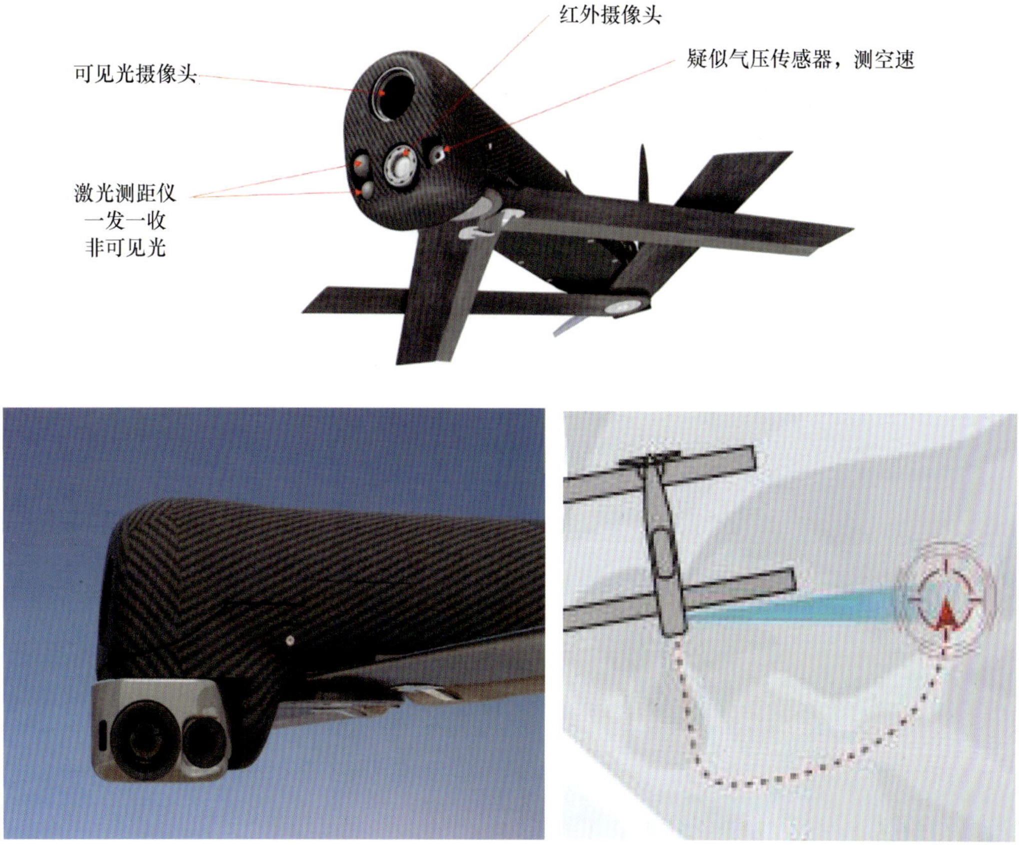

图 3-5 “弹簧刀”300 无人机机身载荷示意图

“弹簧刀”300 无人机怎么回收，并未见到相关报道。另外，巡飞弹本质是弹药，弹药飞出后未执行攻击任务的情况下能不能返航回收，也涉及安全管理要求问题。

3.2.4 无人机结构分析

“弹簧刀”300 无人机实际结构组成拆解如图 3-6 所示。

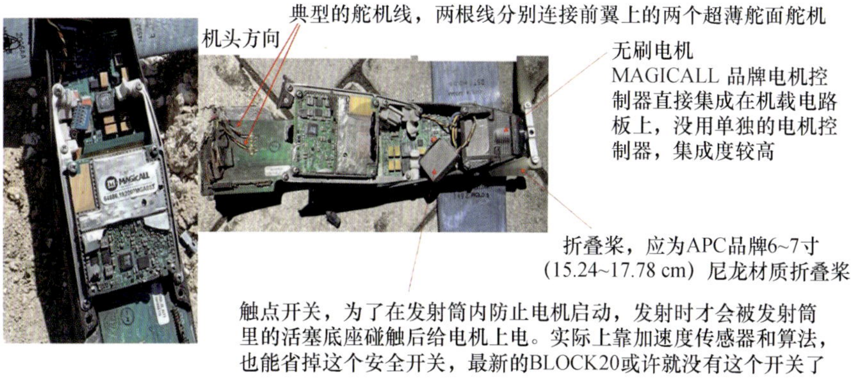

图 3-6 “弹簧刀”300 无人机实际结构组成拆解

3.3 典型反无人机装备毁伤机理

在反无人机/蜂群方面主要技术措施包括动能拦截、干扰阻断控制和新概念武器拦截。动能拦截主要采用防空导弹、防空火炮等装备。新概念武器包括高能激光、微波武器等。各种反无人机蜂群毁伤机理各有不同和差异，下面将重点论述防空导弹、高炮、激光武器、微波武器等对微小型无人机及其蜂群目标的毁伤机理。

3.3.1 防空导弹毁伤机理

美国陆军正在“间瞄火力防护能力(indirect fire protection capability,IFPC)增量2”项目中开发一种新型防空导弹系统,已成功研制了16联装、模块化开放式设计的多功能发射装置。2015年洛克希德·马丁公司完成了“小型直接碰撞杀伤(miniature hit-to-kill,MHTK)”拦截弹的研制改造与验证试验,可用于拦截无人机。MHTK拦截弹长为72 cm,直径不超过70 mm,质量不超过2.2 kg,拦截作战半径可达2.5 km,属于近程防御。与传统的防空武器系统相比,具有小型化、低成本和区域化防御特点。部分反无人机导弹型号对比见表3-3。

表3-3 部分反无人机导弹型号对比

国家	导弹型号	射程	最大速度	制导方式	目标类型	部署状态	特点
美国	FE-1(自由鹰-1)	≥5.5 km(射高)	0.5马赫①	未公开(推测雷达/红外)	Ⅲ类及以上无人机、巡飞弹	2025年测试	模块化设计,低成本,可适配多种底盘,未来可升级发动机
美国	APKWS(激光制导导弹)	5~8 km	超音速	激光半主动制导	中小型无人机、低空目标	已部署	低成本高精度,与AirShield系统集成
俄罗斯	Pantsir-S1(弹炮结合)	20 km	1 300 m/s	雷达+光电追踪	无人机、直升机、巡航导弹	已部署	弹炮混合系统,抗干扰强,适应复杂战场
乌克兰	R-73改装防空导弹	30 km	2.5马赫	红外制导	直升机、低速无人机	实战验证	由空对空导弹改装为无人艇搭载,突破传统反制手段
爱沙尼亚	Frankenburg微型导弹	未公开	未公开	AI算法制导	低空自杀式无人机	2025年测试	成本降低90%,生产速度提升百倍,专为应对俄军无人机设计

防空导弹对微小型无人机的毁伤机理主要包括微波战斗部毁伤、温压战斗部毁伤、杀爆战斗部毁伤3种方式。其中,杀爆战斗部是主要毁伤方式,以杀爆战斗部毁伤机理

① 1马赫≈1 225 km/h。

展开分析。

杀爆毁伤技术是利用自然破片或预制破片战斗部空炸，形成破片毁伤元威力场来毁伤目标的技术。其毁伤能力与破片毁伤元的威力参数指标和目标的防护能力指标有关。对于无人机目标，破片击穿无人机关键部件造成毁伤，通常可以等效为破片击穿单位厚度的等效靶的比动能计算，即通过材料强度折算等效成一定厚度的常见材料，其等效公式为

$$h = \frac{b_0 \sigma_0}{\sigma_1}$$

式中，h 为等效靶厚度；b_0 为原材料厚度；σ_0 为原材料强度极限；σ_1 为等效材料强度。

对于无人机目标来说，其内部充满易损部件，包含飞行电池及大量传感器，可认为击穿概率即为杀伤概率，即只要破片命中并穿透等效靶，就认为无人机被毁伤。

杀爆战斗部的威力指标包含破片数目、质量、初速和分布特性等，对于破片数目及质量分布，采用散射截面公式（Mott）计算：

$$N_0 = \frac{m_s}{2\mu}$$

式中，m_s 为弹丸壳体质量；2μ 为破片平均质量。

对于破片初速，采用格尼公式计算：

$$V_0 = \sqrt{2E}\left(\frac{m_\omega / m_s}{1 + 0.5\ m_\omega / m_s}\right)^{1/2}$$

式中，$\sqrt{2E}$ 为炸药格尼常数，m_ω 为炸药装满质量。

对于破片飞散密度，其函数为

$$f(\varphi) = \frac{1}{\sqrt{2\pi}\,\sigma} \mathrm{e}^{-(\varphi - \bar{\varphi})^2 / 2\sigma^2}$$

式中，φ 为弹轴与飞散方向夹角；σ 为飞散角 φ 的均方差。

对于破片动态飞散速度，破片初速 V_0' 由 3 个速度合成：本身落速 V_c、爆炸速度 V_0 和弹丸旋转速度 V_k。

对于破片飞散特性，假设破片在空气中运动规律为沿着破片初始速度方向直线飞行，不考虑破片受到的重力、升力、侧力，只考虑空气阻力，则破片速度方程为

$$V_L = V_0' \exp\left(-\frac{C_x \rho_{air} K}{2q^{1/3}} L\right)$$

式中，ρ_{air} 为空气密度；q 为破片质量；K 为破片形状系数；L 为破片飞行距离。

对于 1 g 的钨球破片战斗部，以无人机飞行电池为参考目标，使用弹道试验分析单枚破片打击情况下对飞行电池的毁伤情况。使用绑带将飞行电池固定于靶板上，最大

展现面积正对弹道方向，如图 3-7 所示。使用图 3-8 所示轻气炮发射 1 g 钨球破片弹丸，命中无人机飞行电池，通过摄影系统观测飞行电池损伤情况。

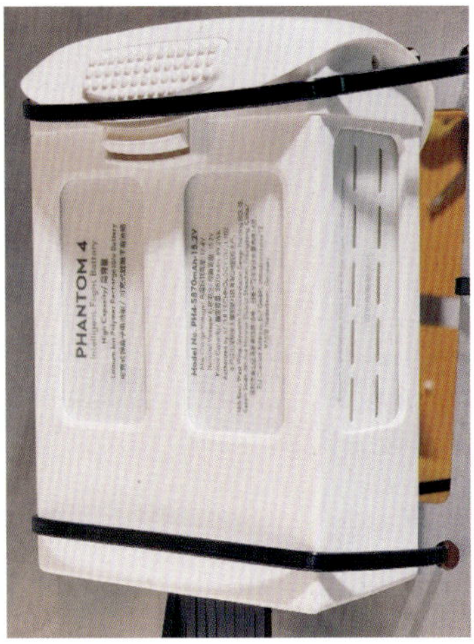

图 3-7　飞行电池固定

图 3-8　轻气炮

如图 3-9 所示，飞行电池被破片以约 100 m/s 的速度击中后，7 s 时电池鼓包并大量冒烟；38 s 时电池发热将绑带熔断，但冒烟减少；44 s 时电池突然二次发烟，但冒烟逐渐减弱，至 51 s 时几乎无烟；55 s 时电池第三次发烟，之后冒烟逐渐减弱，至 75 s 时几乎无烟；93 s 时电池第四次发烟，并开始燃烧，之后直至燃尽。燃尽后的电池如图 3-10 所示。

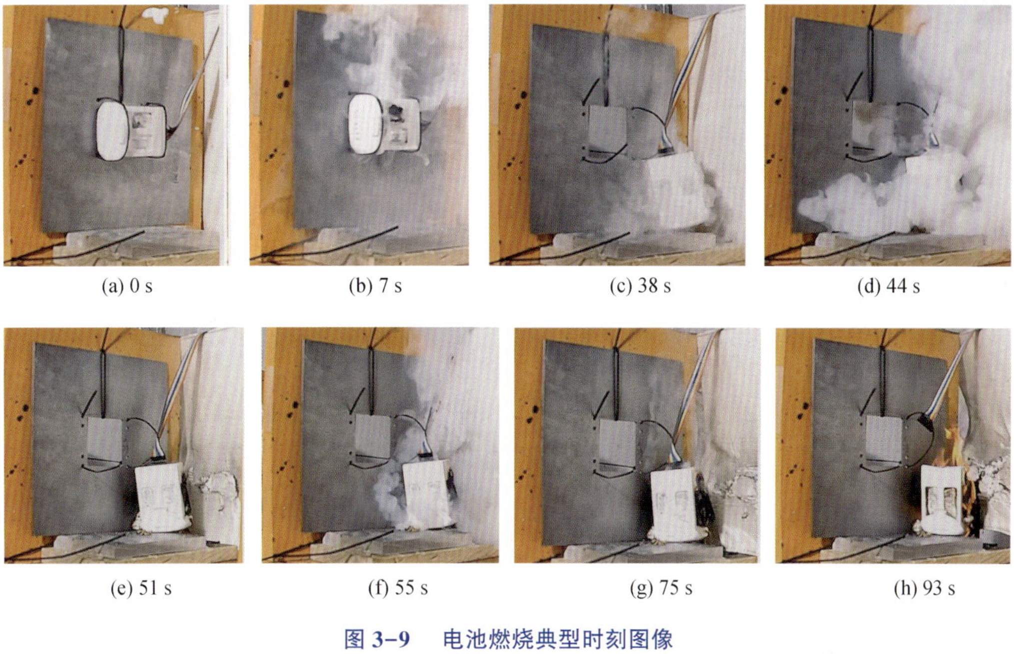

(a) 0 s　(b) 7 s　(c) 38 s　(d) 44 s

(e) 51 s　(f) 55 s　(g) 75 s　(h) 93 s

图 3-9　电池燃烧典型时刻图像

图 3-10　电池燃烧结束

由试验看到,对于无人机飞行电池,破片以极低速度命中后即可产生严重破坏,因此通常可认为采用杀爆毁伤技术对无人机蜂群目标进行毁伤时,破片命中即毁伤。但是对于全向破片战斗部,杀伤距离较大的情况下破片密度较小,无人机蜂群目标尺寸较小情况下不易命中,因此采用杀爆毁伤技术时,需要采用特定设计方法保证杀伤距离处的破片密度和破片速度,并需要较先进的探测和制导技术,保证杀爆武器弹目交会窗口。

3.3.2　防空火炮毁伤机理

美国陆军研发工程中心基于反火箭弹、炮弹和迫击炮弹(C-RAM)的加强区域保护和生存系统项目,推进反无人机系统研究。该系统利用一门 50 mm 口径火炮,采用 512 单元雷达天线阵列,可同时跟踪多个目标,并发射弹道修正弹(内含 12 枚爆炸成形子弹)拦截,如图 3-11 所示。EAPS 可引导拦截炮弹,雷达跟踪装置和火控计算机可控制炮弹,系统跟踪炮弹和目标,并计算一条理想的修正弹道,无线电接收器“连接”目标,以便炮弹追踪目标。该系统曾利用 50 mm 智能炮弹在水平距离 1 km 和 1.5 km 处击落两架远程控制“驱逐者”无人机。

以常规用到的防空高炮为例,高炮按口径可分为小口径高炮和中大口径高炮,按引信作用方式可分为碰炸、近炸及延时炸等。对于近炸作用方式,高炮实际上和防空导弹战斗部毁伤机理基本一致,主要是破片毁伤及冲击波毁伤(近距时)。对于碰炸,则以弹丸碰撞侵彻毁伤和爆炸波毁伤为主,具体分析如下:

(1)直接命中碰炸毁伤(动能杀伤)。

①机理。利用高炮发射的炮弹直接命中无人机机体,弹丸巨大的动能会直接穿透

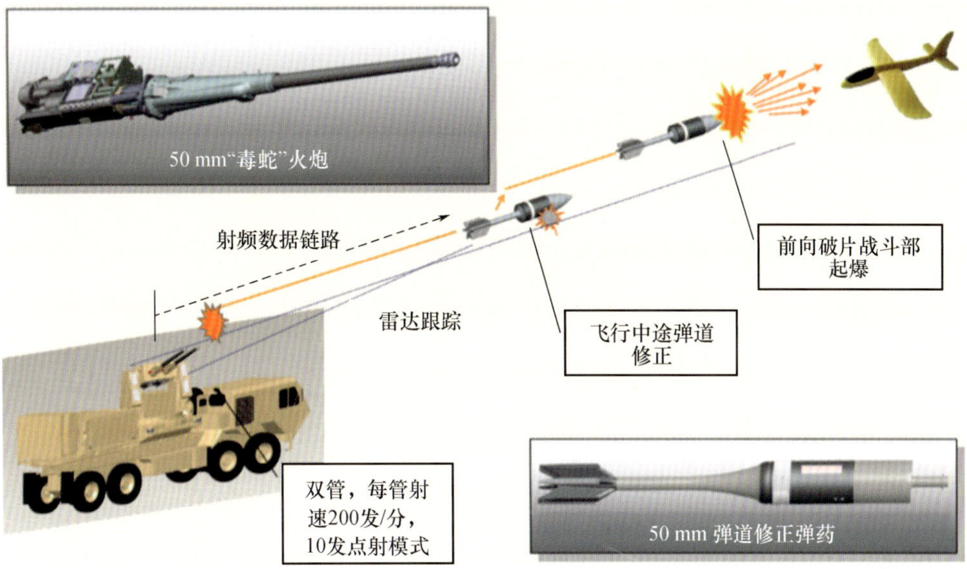

图 3-11　EAPS 系统

机体，破坏其关键部件（如能源装置、电机、飞控系统等），导致无人机瞬间解体或失去功能。

②适用场景。对于中小型无人机（如四轴飞行器），由于目标尺寸太小需极高的射击精度；对于中大型无人机（如固定翼侦察无人机）更容易实现。

③挑战。小型无人机体积小、机动性强，直接命中依赖先进的高精度火控系统（雷达/光电跟踪）和高射速（如多管旋转机炮增加射弹密度）。

（2）破片杀伤效应。

①机理。高爆弹或定向预置破片弹在无人机附近爆炸，利用爆炸释放高速破片，实现大面积区域覆盖。虽然弹丸未能直接命中无人机，但爆炸所产生的破片仍可击穿无人机外壳，破坏其内部电路，损毁无人机的螺旋桨，使其丧失作战能力。

②优势。通过近炸引信（无线电/激光测距/定时引信）控制爆炸时机，能够实现大面积破片覆盖，不需要太高的精度便可以对无人机造成毁伤，显著提升毁伤概率。

③改进。发展现代可编程弹药（如 AHEAD 弹），实现破片散布模式的可预设形式，针对高密度来袭的无人机蜂群实现高效毁伤。

（3）冲击波破坏。

①机理。通过炮弹爆炸产生的冲击波对无人机造成有效毁伤，主要针对小型轻量化无人机（如复合材料机身）造成变形或撕裂，破坏其飞行功能。同时干扰内部精密电子元件（如陀螺仪、通信、导航模块）的正常工作，将其击毁或迫使其返航。

②效果。对依赖稳定性的无人机(如摄像侦察型无人机)尤为有效,可能导致其功能性丧失、失控或坠毁。

某型弹丸剖面结构、几何模型和有限元模型,分别如图 3-12、图 3-13、图 3-14 所示。

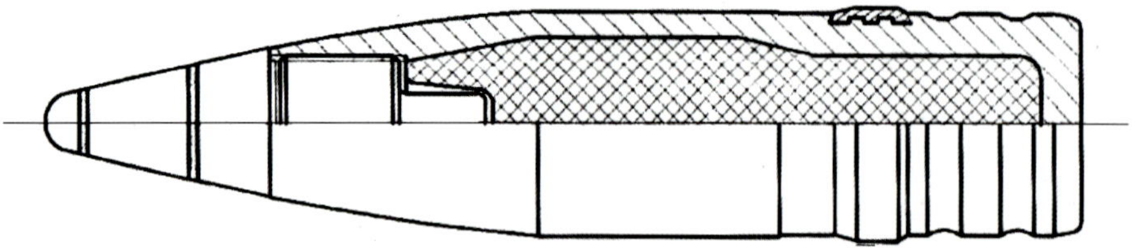

图 3-12　某型杀爆弹剖面结构

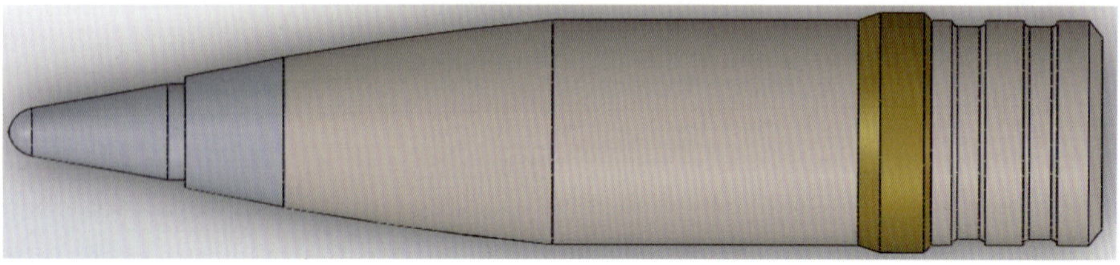

图 3-13　某型杀爆弹几何模型

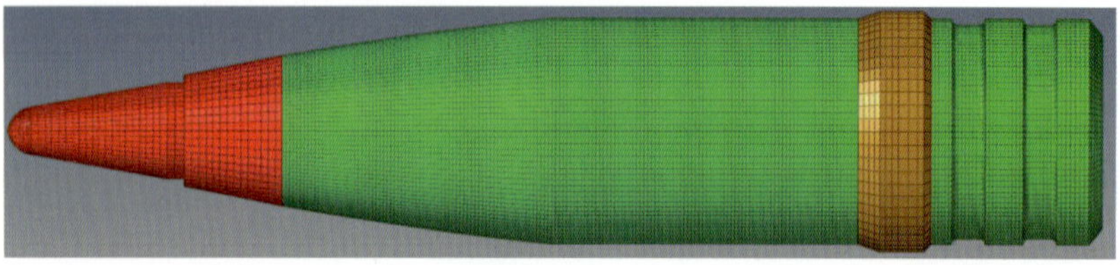

(a) 整体有限元模型

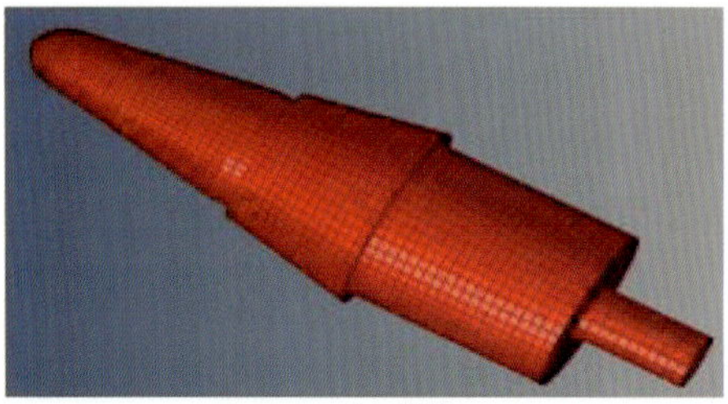

(b) 引信

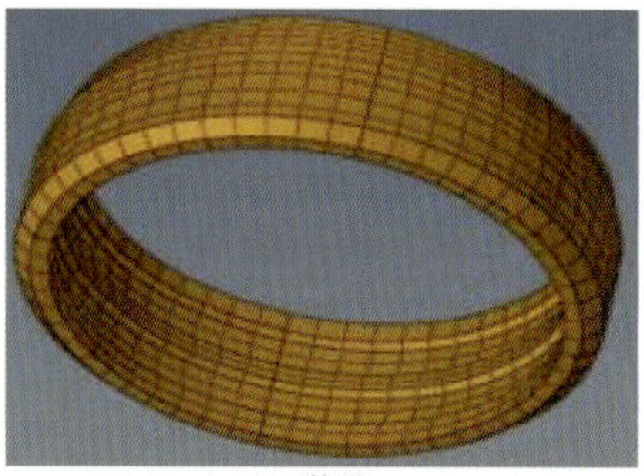

(c) 弹带

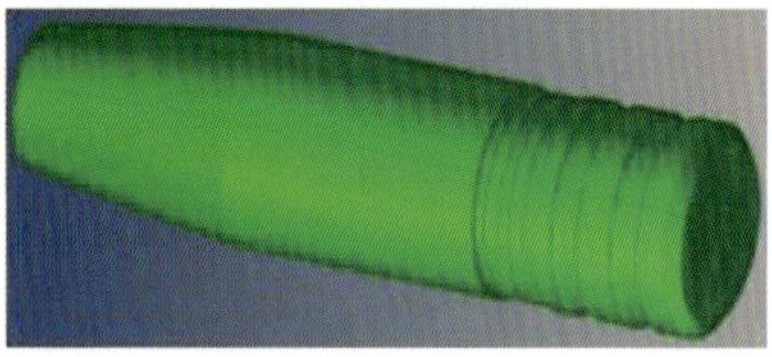

(d) 壳体

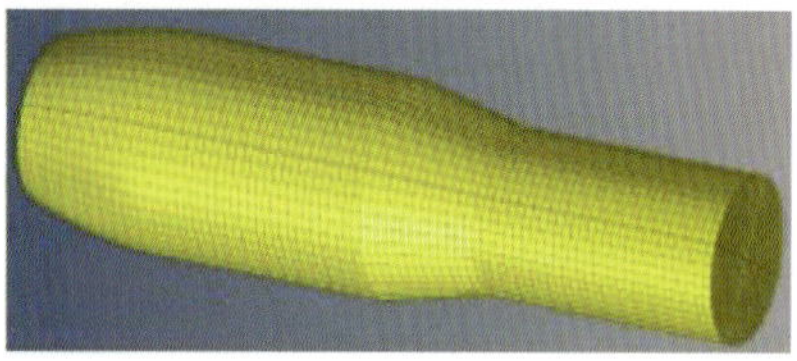

(e) 装药

图 3-14　某型杀爆弹有限元模型

某型炮弹几何模型、仿真模型和仿真云图,如图 3-15~图 3-18 所示。

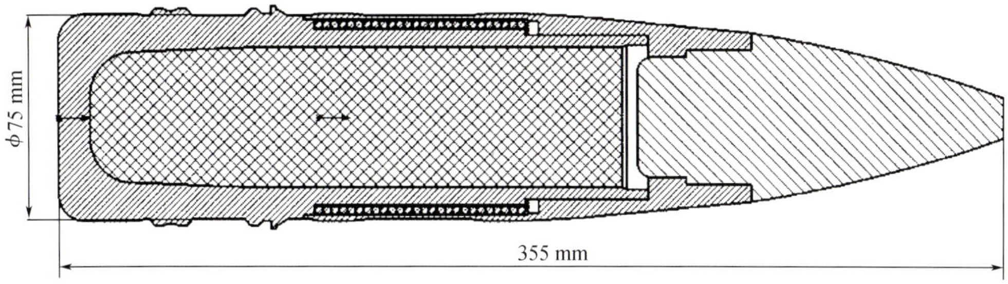

图 3-15　某型炮弹几何模型

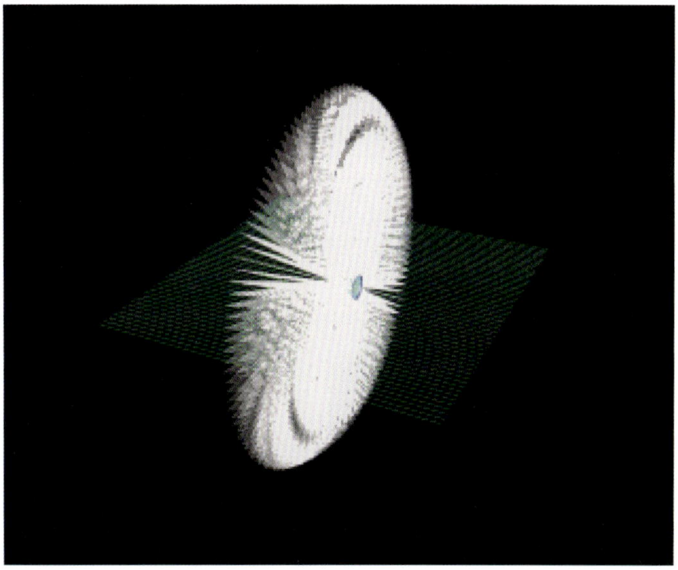

图 3-16　某型预制破片飞散场

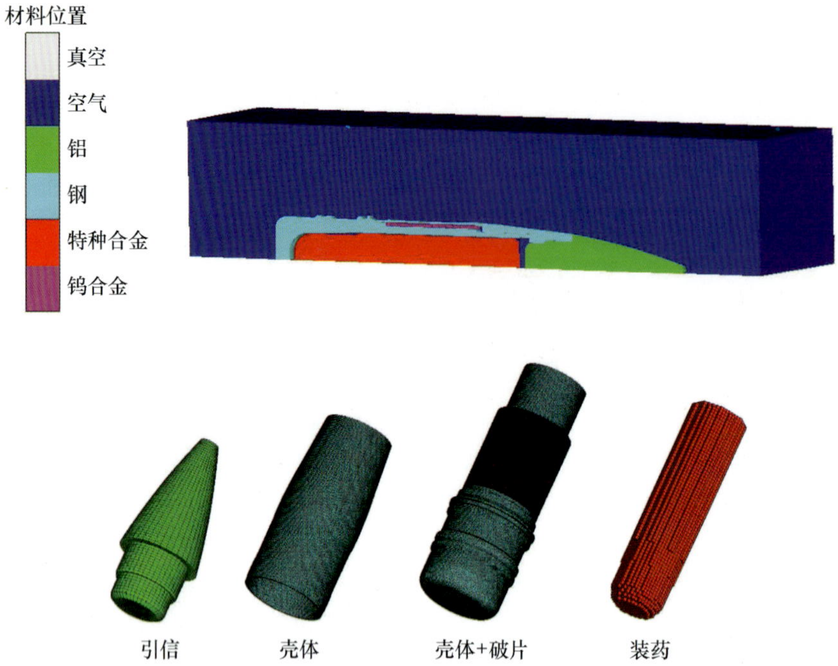

图 3-17　某型破片弹仿真模型

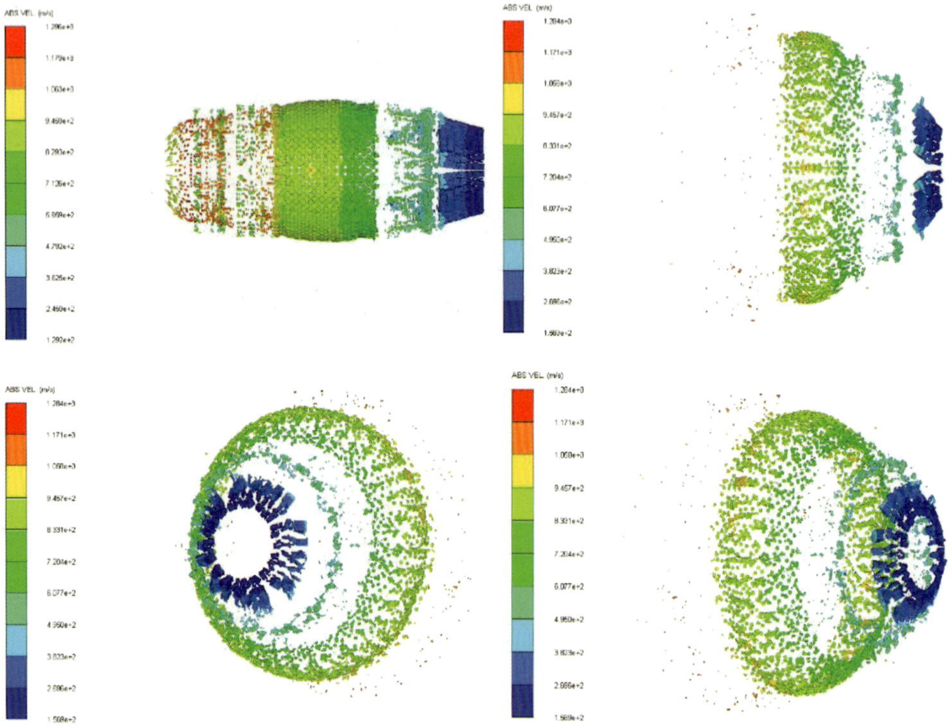

图 3-18　某预制破片弹仿真云图

3.3.3 高能激光毁伤机理

高能激光武器作为一种颠覆性武器，是拦截无人机的有效装备之一，一直受到各个军事强国的关注，其利用高能激光束的热效应、力学破坏特性、辐射破坏特性等直接对目标产生杀伤，属于定向能武器的一种。高能激光武器的研制始于20世纪60～70年代，随着相关技术的不断进步，近些年来高能激光武器系统日渐完善，系统整体能力接近实战化应用。但是受激光作用距离、能量密度等限制，在未来相当长一段时期内，中小型无人机将成为高能激光武器的重要作战对象。

美国2030年前将突破小型化高功率固体激光光源技术，机载、车载和舰载激光武器将初步具备作战能力，实施对导弹类、飞机类和舰船类等地面、海面和空中目标的激光打击。美国激光武器的定位，一方面是用于飞机防御和舰船自卫，一方面是针对对手的迫击炮和无人机目标的末端防空作战，硬杀伤距离为5～20 km。美国主要发展的几款激光武器如下。

(1)移动式激光武器系统“激光复仇者”。

2009年，美国波音公司对移动式激光武器系统“激光复仇者”进行了能力测试，并成功击落了一架无人机。该武器外观如图3-19所示。在“激光复仇者”平台上还安装有轻型25 mm机关炮，作为反无人机演示的一部分。对25 mm机关炮进行的射击试验也取得了成功，这充分展示了定向能/动能混合系统对抗无人机的潜在能力。

图3-19 “激光复仇者”激光武器

(2)机动型远征高能激光武器(MEHEL 2.0)。

2017年3月，美国陆军在无人机硬杀伤挑战赛中成功验证了“2.0版”机动型远征高能激光武器(MEHEL 2.0)的反无人机能力。该系统如图3-20所示，安装在“斯特赖克”装甲战车底盘上，作战时首先利用雷达探测跟踪目标，随后用 5 kW 高能激光束成功打击目标。此外，洛克希德·马丁公司为美国陆军研制出更高功率的激光器，采用光纤激光器和光束合成技术，电光转换效率超过 43%，将交付陆军用于无人机防御。

图 3-20　机动型远征高能激光武器

（3）高能激光机动演示系统（HELMD）。

HELMD 是一款输出功率为 10 kW 的激光武器，安装在“奥什科什”战车上，能够克服雾、风、雨等不利天气条件的影响，追踪和击落无人机。2013 年在白沙导弹试验场和 2014 年在埃格林空军基地进行的两次测试中，HELMD 成功击落 150 多个空中目标，其中包括 60 mm 口径的迫击炮弹及无人机。接下来，波音公司将为 HELMD 安装 50 kW 或 60 kW 的激光器，在这一具有战术意义的功率下，测试其反火箭弹、炮弹、迫击炮弹（C-RAM）和反无人机的能力。

（4）激光武器系统（LaWS）。

2014 年，美国海军宣布将 30 kW 级激光武器系统（LaWS）部署在“庞塞”号两栖船坞运输舰上，用于拦截小型无人机和小型快艇。LaWS 采用 6 套成熟的工业级光纤激光器，如图 3-21 所示，每套激光器输出功率 5.5 kW，6 束激光通过非相干合成使激光束总输出功率达到 33 kW。2010 年，LaWS 在首次水上测试时成功摧毁 4 架 3.2 km 外飞行速度达 480 km/h 的无人机。2012 年起，LaWS 被安装在美国海军“杜威”号导弹驱逐舰上进行海试，并在 2012 年 7 月至 9 月进行的试验中，成功击落 3 架无人机。

按部署平台分类，高能激光武器可以分为天基、地基、机载、舰载、车载等类别；按激光发射类型分类，可以分为化学激光器、固体激光器和自由电子激光器等。化学激光器利用氧碘、氟化氘等，进行化学反应释放能量来激励工作物质，从而产生激光，其优点是输出功率较大，可达数百千瓦以上，主要应用于打击洲际导弹、卫星等战略目标，是一种发展较早的激光武器。但由于存在体积质量较大、难以集成化、发射次数有限、排放有

图 3-21 激光武器系统(LaWS)

毒气体等问题,化学激光武器的研究近些年已经逐步停滞。固体激光器是近几年高能激光武器发展的重点,其使用掺入少量激活离子的玻璃、晶体或透明陶瓷作为工作介质,具有体积小、使用方便、光束质量好、电力驱动等优点。随着技术不断进步,固体激光器的输出功率不断提高,以光纤激光器为例,多模光纤激光器的输出功率已达 100 kW 量级,初步满足了武器化需要。激光武器在不同功率和距离下的毁伤目标见表 3-4。

表 3-4 激光武器在不同功率和距离下的毁伤目标

激光功率	1 kW	1~10 kW	10~100 kW	兆瓦级
有效距离	0.5 km	0.5~3 km	3~10 km	10 km 以上
毁伤类型	传感器致盲(软损伤)	破坏导引头(硬损伤)	摧毁小型飞行目标	摧毁远距离飞行目标
毁伤目标	未爆弹药、地雷、人员	火箭炮、火炮、迫击炮	无人机、便携导弹	高超音速反舰导弹、弹道导弹

历经几十年的开发,美国固体激光武器技术日趋成熟,在高能固体光源、光束控制、系统集成等方面技术已经取得一定突破。2009 年,美军机载激光武器系统(Airborne Laser,ABL)项目成功完成了一次模拟拦截试验,利用一束低能激光对模拟的助推段导弹目标进行了聚焦和定向;2012 年 7 月,美国海军激光武器系统(Laser Weapon System,LaWS)在驱逐舰前甲板上成功击落 3 架无人机目标。2019 年 12 月,美国海军 LPD-27 波特兰号船坞登陆舰出海航行,主要目的是测试由诺思罗普格鲁曼公司研发的最新激光武器系统,其发射的激光束功率达到 150 kW,可对小型船只和无人机进行打击。世界其他军事强国也开展了大量高能激光武器研究,2012 年底德国莱茵金属公司,使用一种

50 kW 的高能激光器击落了 2 km 以外的无人机，演示了目标探测—跟踪—击毁的完整作战流程。中国久远高新技术装备公司研制的低空卫士系列激光拦截系统，输出功率可达 30 kW，可用于防御无人机等“低小慢”目标。总的来说，现有高能激光技术和样机系统的能力十分接近于战术层面应用需求，已步入实战前“最后一公里”的阶段。美陆军目前正在开展的高能激光项目见表 3-5。

表 3-5　美陆军目前正在开展的高能激光项目

激光武器名称	装载平台	功率要求/kW
紧凑型激光武器系统(CLAWS)	小型通用任务车	2、5、10
先进高能测试系统(ATHENA)	集装箱	30
车载高能激光演示验证器(HEMTT/原名 HELMD)	重型增强机动性战术卡车(HEMTT)	50
高能激光战术车辆演示器(HEL-TVD)	中型战术车辆(FMTV)	100
机动实验型高能激光器(MEHEL) 多任务高能激光器(MMHEL)	Stryker 装甲车 Stryker 装甲车	5、10、50
间接火力防护能力-高能激光(IFPC-HEL)	Stryker 装甲车	250～300

根据近十年来世界各国高能激光武器的发展态势，研判下一步高能激光武器主要有以下发展趋势：一是重点发展以光纤激光器为代表的固体战术激光武器，其具有体积小、集成度高、复杂环境适应能力强的特点，能够加快激光武器的实战化发展；二是激光武器的作战样式以反无人机为主，兼顾火箭弹、炮弹等，受限于输出功率、光束质量、大气衰减等限制，目前激光武器的有效射程普遍在 10 km 以内，该区域正是近程防御作战时，飞行高度在 5 km 以下的中小型无人机的主要活动区域。

高能激光武器的毁伤直接取决于到达无人机的激光强度、照射时间、材料本身特性等因素。到达无人机的激光强度主要受激光器功率、大气传输衰减、光斑半径、光束质量等影响。到达无人机的激光功率估算公式为

$$P = (1-\alpha)^{L} P_0$$

式中，P 为到达无人机功率；α 为大气衰减系数；L 为激光器到无人机的距离；P_0 为激光束初始功率。

无人机上的光斑半径估算公式为

$$r = 1.22\frac{\beta\lambda L}{D}$$

式中，r 为光斑半径；β 为光束质量因子；λ 为激光波长；D 为发射望远镜主镜的直径。

到达无人机的激光单位面积能量密度为

$$Q = \frac{P}{\pi r^2}$$

被强激光照射的无人机，发生毁伤的条件为

$$E = QT \geqslant E_{\min}$$

式中，T 为激光照射时间；E 为无人机单位面积接收的总能量；$E_{\min}$ 为发生破坏的能量阈值。

高能激光对无人机的破坏形式因材料体系的不同会有很大的差异。对于金属材料，当高能激光束作用于其表面时，材料将立刻被加热，随后熔融、气化，发生毁伤破坏。对于高分子材料，在高能激光辐照区域，聚合物迅速温升熔化，发生分子解离，即产生热烧蚀或热冲击毁伤效应，并且在辐照结束烧蚀损伤会继续加剧。对复合材料，在高能激光作用下，其外表面发生烧蚀热解，同时出现剥离破坏现象，进而导致复合材料力学性能显著降低。

激光武器根据来袭目标方向和姿态不同，采取不同的作战策略和杀伤方式，毁伤阈值不同。制导系统与毁伤阈值见表 3-6。

表 3-6 制导系统与毁伤阈值

作战场景	光电系统类型	杀伤方式	毁伤阈值/kJ · cm^{-2}
迎头	雷达制导	击穿头罩	2~3
侧迎头	电视制导	击裂头罩	0.3
	红外制导	破坏传感器	0.01
横向	各类	击穿弹体外壳	5~10

3.3.4 高功率微波毁伤机理

美国陆军正在测试一种微波武器 Phaser。Phaser 系统由雷神公司开发，可以用它 4 英尺(121.92 cm)大小的天线对付无人机和其他几乎任何电子设备。Phaser 是一种高功率微波辐射发射器，安装在标准的 20 尺集装箱顶部，如图 3-22 所示。系统利用 MPQ-64 哨兵雷达和近程战术雷达检测、跟踪目标后，将情报信息移交给 Phaser。整个系统由柴油发电机驱动，可独立运作。Phaser 朝来袭无人机发出短促的微波能量射流，使其控制系统和发动机失能坠毁。与激光器反无人机技术不同，激光器每次只能瞄准并击落一架无人机，Phaser 则能以一定的角度发射，对付一群无人机。

图 3-22　某型微波武器系统

高功率的微波武器对于无人机的毁伤机理多样，主要分为“前门耦合”和“后门耦合”。“前门耦合”是指发射装置所发射的高功率微波，通过无人机的信息接收装置，如无人机的接收天线，进入无人机内部电子系统，从而引起其原件发热或者电路短路。其破坏能力很强，防范难度大。“后门耦合”是指高功率的微波通过无人机外壳的各类孔洞，或者装配产生的缝隙发生衍射作用进入其机体内部对其内部元器件进行摧毁。由于无人机在生产制作中为控制成本多采用高强度塑料或者碳纤维材质导致其金属屏蔽效果较差，所以更容易受到“后门耦合”的毁伤。

高功率微波武器可分为高功率微波弹和高功率微波炮，我们所说的用于防空作战的微波武器主要指高功率微波炮。高功率微波炮微波功率密度与毁伤程度的关系见表 3-7。

表 3-7　高功率微波炮微波功率密度与毁伤程度的关系

功率密度/$W\cdot cm^{-2}$	造成的毁伤程度
0.01~1	可以冲击和触发电子系统产生虚假干扰信号，扰乱电子器件的正常工作，主要干扰目标雷达、通信、导航、敌我识别和计算机网络的正常工作
1~10	可使雷达、通信、导航、敌我识别和计算机网络器件性能降低或失效，尤其是可能损伤或烧毁小型计算机芯片
10~100	可直接烧毁电子设备的微波二极管、混频器、计算机逻辑电路、集成电路，甚至装甲车辆点火系统中的半导体二极管，造成目标电子系统瘫痪
1 000~10 000	当微波辐射能量很强，能量束高度集中时，可瞬间引爆导弹、炸弹、弹头或燃料库

高功率微波从“前门”即从天线进入目标内部的能量主要来自天线工作频段内的高功率微波能量：

$$P' = \frac{P \times G_1 \times G_2 \times \gamma^2}{(4 \times \pi)^2 \times R^2}$$

式中，P 为高功率微波源的发射功率；P' 为耦合到目标内部的功率；G_1 为被攻击目标天线的增益；G_2 为微波源发射天线的增益；γ 为天线工作频率所对应的波长；R 为从观测点到发射源的距离。

自由空间传播模型下，高功率微波从“后门”进入的功率的密度公式为

$$S = \frac{P \times G}{4 \times \pi \times R^2}$$

式中，S 为功率密度，W/m^2；P 为发射功率，W；G 为天线增益（无量纲），假设为 40 dB；R 为从观测点到发射源的距离，m。

微波武器功率密度与 R 关系分析图如图 3-23 所示。由于不同的电子系统组成不同，即使是相同种类的部件，也有可能因工艺、制造条件、指标的不同而有不同的毁伤阈值。因此，要给出电子系统与电子器件的准确毁伤阈值难度很大，通常只进行估算，示例如下：

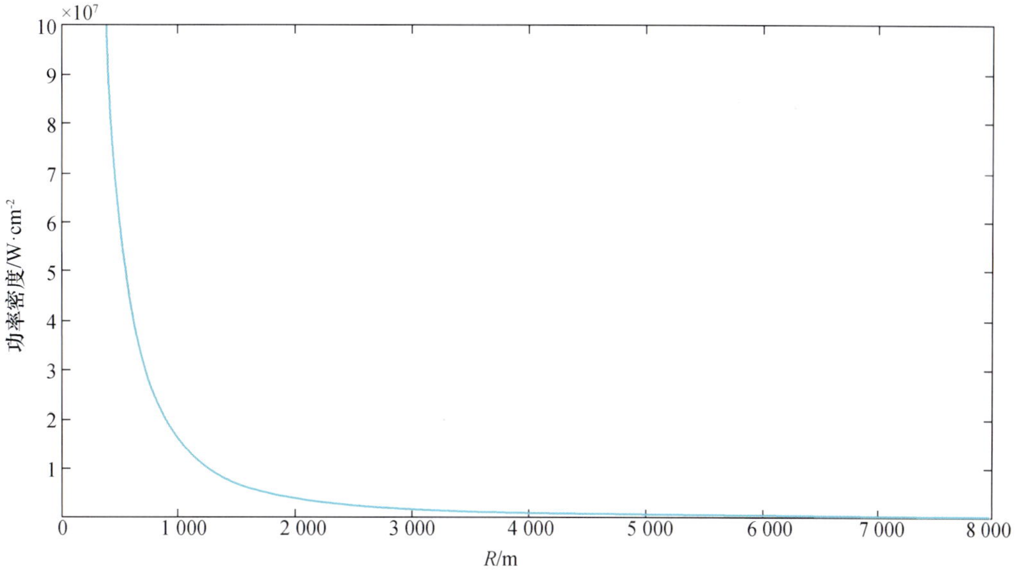

图 3-23　微波武器功率密度与 R 关系分析图

（1）干扰压制距离。

假设阈值：$S_1 = 10\ W/m^2$（$1\ mW/cm^2$）。

解算距离：$R=\sqrt{\dfrac{P\times G}{4\times\pi\times S_1}}=\sqrt{\dfrac{5\times10^8\times10^4}{4\times\pi\times10}}\approx 6.3\times10^3\text{m}$（约 6.3 km）。

（2）硬毁伤距离

假设阈值：$S_2=10^5\ \text{W/m}^2$（$10\ \text{W/cm}^2$）。

解算距离：$R=\sqrt{\dfrac{P\times G}{4\times\pi\times S_2}}=\sqrt{\dfrac{5\times10^8\times10^4}{4\times\pi\times10^5}}\approx 630\ \text{m}$。

第 4 章　作战效能评估方法分析与选取

4.1　作战效能评估方法分类与比较

4.1.1　方法分类

目前,作战效能评估方法有很多种,不同的效能评估方法适用于不同的领域。效能评估分类方法简单地将其分为传统方法和新型方法,传统方法包括如 ADC 法(availability, dependability, capability), SD 法(semantic differential),层次分析法(analytic hierarchy process,AHP)等;新型方法主要包括神经网络、SVM(支持向量机)、深度学习网络等方法。根据评估方法的机理不同,将其分为数学模型驱动、作战模拟驱动、经验驱动和数据驱动 4 种方法,如图 4-1 所示。

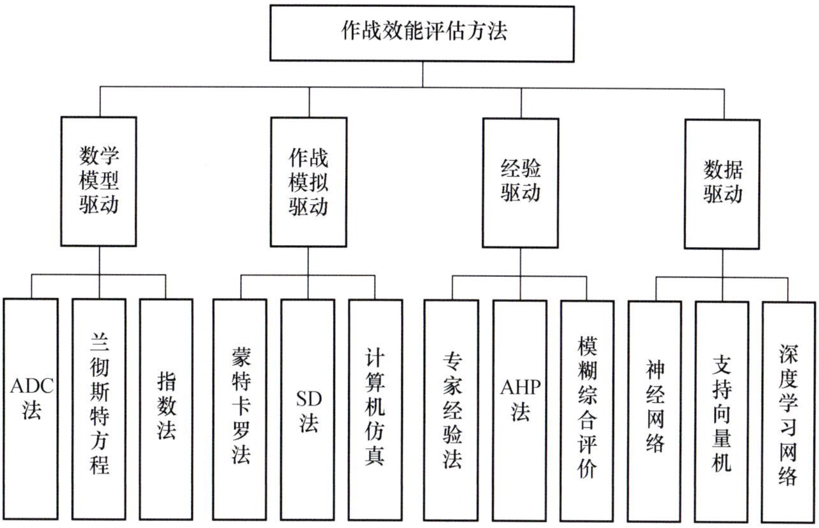

图 4-1　作战效能评估方法分类

(1)数学模型驱动。

数学模型驱动的效能评估,主要是以数学模型为基础的效能评估方法,其特点是根据作战因素间的相互关系,建立描述效能指标、给定条件与作战效能之间的函数关系解析表达式来计算效能值。数学模型驱动方法包括 SEA 法、ADC 法、兰彻斯特方程等。

(2)作战模拟驱动。

作战模拟是指按照已知或假定情况和数据,对作战过程进行的模拟仿真。广义上说,一切应用模型进行作战实验、寻找军事活动规律的过程都是作战模拟的过程。作战模拟驱动的效能评估方法是指,通过模拟真实作战过程,根据仿真数据计算作战效能的一种方法,主要包括计算机作战模拟法、系统动力学方法、蒙特卡罗法等。

(3)经验驱动。

经验驱动效能评估,主要特点是以人的主观经验为主要依据的效能评估方法,该方法的核心是人的知识和经验,代表性的方法有层次分析法、专家评价法、灰色层次评估法等。

(4)数据驱动。

上述介绍的评估方法是传统的效能评估方法,在处理海量信息上能力稍显不足,无法适应大数据时代的要求,以人工智能为核心的数据驱动方法正向传统效能评估方法发起挑战。数据驱动主要以统计学习理论为基础,通过对历史数据的学习,建立输入变量和输出变量之间的非线性关系。当输入新的数据时,便可以自动得出效能值,该方法主要包括支持向量、贝叶斯网络和人工神经网络等方法。

4.1.2 不同方法的优势与不足

数学模型驱动的效能评估方法,公式透明度好、易于理解、计算简单,可以进行变量间关系的分析,但是该方法考虑因素少,应用条件严格,比较适用于不考虑对抗条件下的武器装备系统的效能评估和简化情况下的宏观对抗效能评估。

作战模拟驱动的效能评估方法可以对整个复杂作战系统的各个组成部分进行综合,利用计算机强大的数据处理能力对作战方案进行仿真,继而得到大量数据,对这些数据进行计算便可得到最终效能值。该方法存在的最大不足是需要大量详细数据来建立仿真模型,才能把模型中各个部分的关系表示清楚,导致仿真系统特别巨大、复杂,需要耗费大量的时间和精力,造成评估成本高。

经验驱动的效能评估强调人的主观经验,主张利用专家的知识和经验对作战效能进行评估,方法较为灵活,具有一定的科学性。最大的不足是对经验过度依赖,不同的人看问题的角度不同,知识结构不同,看待事物的方式也各有差异,因此对某一装备或作战分队的作战效能可能有着不同的评价,存在主观评价带来的模糊性和随机性问题。在大数据时代,面对日益复杂的作战环境,信息爆炸式增长,依靠经验驱动的方法工作量大,需要花费极大的人力和物力,且容易出现由人为因素导致的错误。同时,战场环境瞬息变幻，战机稍纵即逝，经验驱动的作战效能评估方法难以客观、全面、科学、及时地对作战效能进行评估，指挥员难以获取作战效能，就无法利用专家知识和经验为指挥员及时提供辅助决策，因此经验驱动效能评估方法无法满足大数据时代作战的要求。

数据驱动的作战效能评估方法，强调"向数据学习"，以当下最热门的研究——机器学习为核心，其建模方法优点有两个：一是建模方法原理比较成熟，建模过程相对简单，数据驱动核心内容是从历史数据中学习知识和经验，无须深入了解模型的内在作用机理；二是无须人工为指标赋权，指标权重问题一直是困扰效能评估研究者的一个核心问题，数据驱动模型可以根据历史数据自动调整权重，并将输出值和真实值之间的误差降到最低，从而提高科学性，降低了主观性。数据驱动最大的不足之处是模型受历史的训练数据影响较大，模型的解释性较差。

4.2 拟采用的评估方法

根据前面对不同方法优劣势的分析，因反无人机的实际作战数据相对较少，因此，作战模拟驱动和数据驱动的方法可行性较低。因此，可以采用数学模型驱动和经验驱动两种评估方法实现对作战效能的评估。

4.2.1 ADC 方法

根据美国工业界武器系统效能咨询委员会（weapon system effectiveness industry advisory committee，WSEIAC）提出的武器系统效能评估模型，武器系统作战效能可表示为

$$E = \boldsymbol{ADC}$$

式中，E 为武器系统的作战效能；$\boldsymbol{A}$ 为武器系统的可用度向量，是系统在开始作战时所处状态的度量；$\boldsymbol{D}$ 为可信赖矩阵，是已知武器系统作战开始时所处状态的条件下，在作战过程中所处状态的度量；$\boldsymbol{C}$ 为作战能力向量，是已知武器系统作战过程中所处状态的条件下，系统完成规定作战任务的能力的度量。

（1）可用度分析。

可用度代表武器系统在最初执行任务时所处的状态指标，是对武器系统在执行任务准备阶段可用程度的度量，映射了武器系统的使用准备程度。

假设武器系统在开始执行任务时共有 n 种状态可能，武器系统可用度 $\boldsymbol{A}$ 可以表示为

$$\boldsymbol{A} = [a_1, a_2, \cdots, a_i, \cdots, a_n]$$

式中，a_i 为武器系统在最初执行任务时处于第 i 种状态的概率。

因为在最初执行任务时，武器系统只能处于多种状态中的一种，而不是多种状态并存，另外 n 种状态构成了样本空间，所以全部概率值之和一定等于 1，也就是说：

$$\sum_{i=1}^{n} a_i = 1$$

（2）可信度分析。

可信度代表武器装备在任务执行过程中所处的状态指标，反映由于系统物理故障引起性能退化的频度，是系统在开始执行任务时处于某种状态，执行任务过程中转变为另一种状态的概率，映射了武器系统在使用过程中所处的各种状态的集合。任务过程中的某种状态，都可以经过武器系统自身的变化和维护修理，转化为其他状态。可信度是系统执行任务过程中具备规定功能或完成规定任务的测度。

假设装备系统在开始执行任务时有 n 种可能的状态，装备系统在任务初始阶段可能处于任何一种状态，在任务执行过程中可能转化为 $n-1$ 种其他状态，也就是说装备系统有 n 种状态转化可能，因此可信度 $\boldsymbol{D}$ 可表示为

$$\boldsymbol{D} = \begin{bmatrix} d_{11} & d_{12} & \cdots & d_{1n} \\ d_{21} & d_{22} & \cdots & d_{2n} \\ \vdots & \vdots & \vdots & \vdots \\ d_{i1} & d_{i2} & \cdots & d_{in} \\ \vdots & \vdots & \vdots & \vdots \\ d_{n1} & d_{n2} & \cdots & d_{nn} \end{bmatrix}$$

式中，d_{ij} 为武器系统在任务开始阶段处于第 i 种状态，在任务过程中处于第 j 种状态的概率。

显然：

一是任务执行过程中的 n 种状态是武器系统状态的合集，因此有

$$\sum_{i=1,j=1}^{n} d_{ij} = 1$$

二是由于系统在执行任务过程中是不可修复系统，系统执行任务期间由故障较严重状态转变为较轻或正常状态是不可能事件，即当可用性矩阵的构成元素 d_{ij} 中 $i>j$ 时，系统可信性矩阵是一个上三角矩阵。即对于不可修复的装备，若开始处于故障状态，则在作战过程中无法转换到正常状态。

$$D=\begin{bmatrix} d_{11} & d_{12} & \cdots & d_{1n} \\ 0 & d_{22} & \cdots & d_{2n} \\ \vdots & \vdots & \vdots & \vdots \\ 0 & 0 & \cdots & d_{in} \\ \vdots & \vdots & \vdots & \vdots \\ 0 & 0 & \cdots & d_{nn} \end{bmatrix}$$

在系统状态划分完成的基础上,对可信度矩阵的求解主要分为以下几个步骤:

①判断系统状态转换是否符合马尔可夫随机过程。

②系统各模块的故障分布服从指数分布时,可由马尔可夫随机过程来描述系统的状态。

③求解系统状态转移概率矩阵。

对于任务过程不可修复系统,其状态转移概率仍为上三角矩阵,用 p_{ij} 表示系统在某时刻由 X_i 状态转换到 X_j 状态的概率,$0 \leqslant p_{ij} \leqslant 1$,则

$$P=\begin{bmatrix} p_{11} & p_{12} & \cdots & p_{1n} \\ 0 & p_{22} & \cdots & p_{2n} \\ \vdots & \vdots & & \vdots \\ 0 & 0 & \cdots & p_{nn} \end{bmatrix}$$

④分析系统状态方程。

假设 t 时刻处于 X_i 状态的概率用 $\boldsymbol{q}(t)$ 表示,则系统在 t 时刻的状态向量为

$$\boldsymbol{q}(t)=(q_1(t),q_2(t),\cdots q_n(t))^{\mathrm{T}}$$

若系统在 t 时刻处于 X_i 状态,根据状态转换概率定义,在 $t+\Delta t$ 时刻转换到 X_j 状态的概率为 $p_{ij}\Delta t$,则系统处于 X_j 状态的概率 $q_j(t+\Delta t)=q_i(t)p_{ij}\Delta t$。从 t 到 $t+\Delta t$ 时刻,n 种状态中的每一种状态都可能转换为 X_j 状态,则有

$$q_j(t+\Delta t)=q_1(t)p_{1j}\Delta t+q_2(t)p_{2j}\Delta t+\cdots+q_n(t)p_{nj}\Delta t$$

因此在 $t+\Delta t$ 时刻,系统处于各种状态的概率分别为

$$\begin{cases} q_1(t+\Delta t)=q_1(t)p_{11}\Delta t+q_2(t)p_{21}\Delta t+\cdots+q_n(t)p_{n1}\Delta t \\ q_2(t+\Delta t)=q_1(t)p_{12}\Delta t+q_2(t)p_{22}\Delta t+\cdots+q_n(t)p_{n2}\Delta t \\ \qquad\vdots \\ q_n(t+\Delta t)=q_1(t)p_{1n}\Delta t+q_2(t)p_{2n}\Delta t+\cdots+q_n(t)p_{nn}\Delta t \end{cases}$$

系统状态之间的转换在很短的时间内完成,令 $\Delta t \to 0$ 得到系统状态方程

$$\frac{\mathrm{d}q(t)}{\mathrm{d}t}=\boldsymbol{U}q(t)$$

其中

$$\boldsymbol{U}=\begin{bmatrix} p_{11}-1 & 0 & \cdots & 0 \\ p_{12} & p_{22}-1 & \cdots & 0 \\ \vdots & \vdots & & \vdots \\ p_{1n} & p_{2n} & \cdots & p_{nn}-1 \end{bmatrix}=\boldsymbol{P}^{\mathrm{T}}-\boldsymbol{I}$$

为系统状态方程的系数矩阵。

⑤求解系统的可信性矩阵。

具有 n 个状态的系统，其系统状态方程共有 n 个初始条件，即

$$\begin{cases} q_1=[10\cdots0]^{\mathrm{T}} \\ q_2=[01\cdots0]^{\mathrm{T}} \\ \quad\vdots \\ q_n=[00\cdots1]^{\mathrm{T}} \end{cases}$$

求解系统状态的一阶微分方程可得系统的通解，代入初始条件得到系统状态微分方程的 n 个特解 $d_1(t), d_2(t), \cdots, d_n(t)$，令 $\boldsymbol{D}(t)=[d_1(t), d_2(t), \cdots, d_n(t)]^{\mathrm{T}}$，则

$$\boldsymbol{D}(t)=[d_1(t), d_2(t), \cdots, d_n(t)]^{\mathrm{T}}=\begin{bmatrix} d_{11}(t) & d_{12}(t) & \cdots & d_{1n}(t) \\ d_{21}(t) & d_{22}(t) & \cdots & d_{2n}(t) \\ \vdots & \vdots & & \vdots \\ d_{n1}(t) & d_{n2}(t) & \cdots & d_{nn}(t) \end{bmatrix}$$

$\boldsymbol{D}(t)$ 即为系统的可信性矩阵，式中 $d_{ij}(t)$ 表示系统初始状态为 X_i，t 时刻转化为状态 X_j 的概率。

(3)作战能力(固有能力)分析。

武器系统的作战能力是指武器系统完成任务的程度，可由系统的战术技术性能指标、作战条件及环境等因素决定。系统的能力与系统执行任务过程中所处的状态密切相关。同一系统，由于开始执行任务时和执行任务过程中所处的状态不同，其完成规定任务的能力也不同。

同时，不同装备的作战能力指标也不相同。在系统效能评估中，复杂武器系统的固有能力下包含了诸多项子能力模型，其分析与计算是一个复杂的问题。在计算系统能力向量时，为了简化起见，假定系统由若干个子系统组成，而这些子系统的性能及其对系统完成任务能力的影响是独立的，且系统这个层次又取决于较低层次的分析结果，由这些结果便可综合出系统的总能力。

4.2.2 层次分析法

层次分析法(AHP)是美国著名运筹学家，匹兹堡大学教授托马斯·萨蒂(Thomes L. Saaty)于20世纪70年代中期提出的一种将复杂评估问题进行分解处理的简易决策方法。AHP将人的主观判断用数量形式进行表达和处理，是一种定性与定量相结合的多准则评估方法。尽管从数学原理上AHP有着深刻的内容，但从本质上讲AHP是一种科学的思维方式。

自20世纪80年代AHP被引入到我国，由于该方法简单快速的特点，迅速在各行业中得到广泛应用，特别适合用于解决半结构化、非结构化的复杂系统问题。通常利用AHP中判断矩阵的方式，确定定性指标的权重，再与模糊综合评判、灰色理论等方法相结合达到解决问题的目的。虽然AHP在处理某些问题上具有优势，但在效能评估问题上存在一定的缺陷，例如，构建的递阶层次结构具有自上而下、逐层传递的支配关系，过分简化了作战系统的非线性、协同化等复杂问题，无法反映下层对上层的反馈作用或者层次间各要素的相互影响；由于不同的专家往往得出不同的判断矩阵，受人为因素影响较大，导致计算结果不稳定；在进行一致性检验时需要计算判断矩阵的特征值，但在AHP中一般用的是求平均值的方法获得特征值，这对于一些病态矩阵是有系统误差的；该方法的目的是在给定的方案中选择最优的，而无法产生更好的新方案。

AHP可用于指标体系的构建。在指标体系构建时，其主要用于如下工作：

(1)构建层次结构模型。

AHP帮助将复杂的决策问题分解成多个层次，包括目标层、准则层和方案层，使得问题更加结构化和易于管理。

(2)确定权重。

通过成对比较的方式，AHP能够确定各准则层指标相对于目标层的相对重要性权重，以及方案层各方案相对于准则层指标的相对优劣。AHP还允许决策者在面对不确定性和不完全信息时，通过主观判断来评估各元素的重要性。

(3)一致性检验。

AHP提供了一致性比率(consistency ratio, CR)的概念，用于检验成对比较判断的一致性，确保决策过程的合理性。在本书中使用AHP法进行反无人机蜂群的评价指标体系的构建，以及利用AHP法确定各指标权重。

4.2.3 模糊层次分析法

AHP因结构化、系统性的优势，广泛应用于规划、评估、分配等诸多场景。然而，随着决策问题愈发复杂、不确定因素日益增多，AHP 暴露出一定的局限性，模糊层次分析法（fuzzy analytic hierarchy process，FAHP）应运而生，它汲取模糊数学的精髓，对 AHP 进行改进与拓展，为精准决策提供更有力工具。

FAHP 融合模糊数学与 AHP，将专家模糊判断转化为模糊判断矩阵，充分考量决策信息模糊性。专家不再局限于给出精确 1~9 标度数值，而是用模糊数表达元素相对重要性，如常见的三角模糊数（a,b,c），a 为下限，b 为最可能值，c 为上限。在构建模糊判断矩阵后，通过模糊合成运算、去模糊化等系列操作，获取各元素模糊权重，最终转换为精确权重值，用于方案排序。这既保留 AHP 结构化优势，又巧用模糊数学吸纳模糊信息，降低主观偏差干扰。

FAHP 的具体步骤如下。

（1）构建模糊判断矩阵。

邀请专家小组针对层次结构各层元素，两两比较用三角模糊数评定相对重要性，构建模糊判断矩阵。如评定方案 A 与方案 B，专家给出三角模糊数（2，3，4），意味着 A 相较 B 的重要程度大致在 2~4 区间，最可能是 3。

（2）一致性检验。

因模糊判断存在不确定性，需检验模糊判断矩阵一致性，确保逻辑合理。借助模糊一致性指标、模糊随机一致性指标等工具，判定矩阵是否满足一致性要求，不符时调整专家判断或矩阵元素。

（3）模糊权重计算。

运用 FAHP，常见有模糊几何平均法、模糊加权平均法，对模糊判断矩阵运算，得出各元素模糊权重向量，反映元素相对重要程度的模糊分布。

（4）去模糊化。

为获取精确权重用于决策，采用重心法、最大隶属度法等手段将模糊权重转化为清晰数值，完成方案综合评价与排序。

可见，与 AHP 相比，FAHP 的改进之处主要表现在以下 4 个方面。

（1）更精准处理模糊信息。

相较于 AHP，FAHP 允许专家用模糊数表达判断，贴合现实决策情境。在专家难以精准判定各因素权重时，FAHP 可用模糊数灵活刻画不确定性，从而更便于全方位捕捉模糊信息，使决策依据更充分、结果更可信。

（2）降低主观判断偏差。

针对 AHP 中的专家打分主观性易致判断矩阵一致性难题，FAHP 模糊判断矩阵构建及后续运算过程，多次校验、调整，模糊合成运算综合多位专家模糊判断，稀释个体主观偏见。以高校学科评估为例,不同专家学术侧重、评审风格不同,FAHP 法机制促使多元观点融合,削弱极端看法,保障评估公正客观。

(3)增强动态适应性。

复杂系统动态演进,FAHP 因模糊数灵活特性,能适时调整模型参数、更新专家判断,快速适应变化。FAHP 可迅速吸纳新信息,修正准则层权重,灵活调配资源,助力动态决策、维持决策效率。

(4)提升决策结果可靠性与解释性。

FAHP 综合了模糊数学的严谨算法与 AHP 的层次结构优势,去模糊化获取精确权重,经系列检验,决策结果可靠性高。模糊判断矩阵与运算过程完整记录决策逻辑,便于回溯解释,利于研讨、决策和推广。

4.2.4 TOPSIS 法

TOPSIS 法是于 1981 年提出的一种对有限方案进行比选的方法,又称逼近于理想值的排序方法。该方法的核心在于通过计算被评价对象分别到正、负理想解之间的距离,获取被评价对象与最优解之间的相对贴近度。其中,正理想解,指的是所有待评价方案中指标属性最优值;负理想解,指的是所有待评价方案中指标属性最劣值。TOPSIS 法评价比选按照如下步骤进行。

(1)构建评价矩阵。

假设待评价方案集为 $M=(M_1,M_2,\cdots,M_m)$,评价指标集合为 $D=(D_1,D_2,\cdots,D_n)$,则评价矩阵为

$$\boldsymbol{X}=\begin{bmatrix} x_{11} & x_{12} & \cdots & x_{1n} \\ x_{21} & x_{21} & \cdots & x_{2n} \\ \cdots & \cdots & & \cdots \\ x_{m1} & x_{m2} & \cdots & x_{mn} \end{bmatrix}$$

式中,x_{ij} 代表待评价方案 M_i 中评价指标 D_j 的数值。

(2)对评价矩阵进行标准化处理。

为消除不同指标的量纲差异,需要对指标进行标准化处理。根据效益型指标与成本型指标采取不同的标准化处理方式如下所示:

对于效益型指标:

$$v_{ij}=\frac{x_{ij}-\min x_j}{\max x_j-\min x_j}$$

对于成本型指标:

$$v_{ij} = \frac{\max x_j - x_{ij}}{\max x_j - \min x_j}$$

式中，v_{ij} 为 x_{ij} 标准化后处理的结果；$\min x_j$、$\max x_j$ 分别为第 j 个评价指标的最小值与最大值。

（3）构建加权判断矩阵。

加权判断矩阵是 AHP 确定的指标权重 w 与标准化评价矩阵的乘积结果，其表现形式如下：

$$r_{ij} = v_{ij} \times w_j (i = 1,2,\cdots,m; j = 1,2,\cdots n)$$

$$\boldsymbol{R} = \begin{bmatrix} v_{11} & v_{12} & \cdots & v_{1n} \\ v_{21} & v_{21} & \cdots & v_{2n} \\ \cdots & \cdots & \cdots & \cdots \\ v_{m1} & v_{m2} & \cdots & v_{mn} \end{bmatrix} \begin{bmatrix} w_1 & 0 & \cdots & 0 \\ 0 & w_2 & \cdots & 0 \\ \cdots & \cdots & \cdots & \cdots \\ 0 & 0 & \cdots & w_n \end{bmatrix} = \begin{bmatrix} r_{11} & r_{12} & \cdots & r_{1n} \\ r_{21} & r_{21} & \cdots & r_{2n} \\ \cdots & \cdots & \cdots & \cdots \\ r_{m1} & r_{m2} & \cdots & r_{mn} \end{bmatrix}$$

（4）计算正负理想解。

正、负理想解的计算方式为

$$\begin{cases} S_j^+ = \max\limits_{1 \leqslant i \leqslant m} \{r_{ij}\}, j = 1,2,\cdots,n \\ S_j^- = \min\limits_{1 \leqslant i \leqslant m} \{r_{ij}\}, j = 1,2,\cdots,n \end{cases}$$

（5）分别计算各待评价方案与正、负理想解间的欧氏距离，计算公式如下：

$$Sd_i^+ = \sqrt{\sum_{j=1}^{n} (S_j^+ - r_{ij})^2}, i = 1,2,\cdots,m$$

$$Sd_i^- = \sqrt{\sum_{j=1}^{n} (S_j^- - r_{ij})^2}, i = 1,2,\cdots,m$$

（6）计算各待评价方案的相对贴近度，该数值反映待评价方案对正理想解的贴近程度以及对负理想解的远离程度。其计算公式如下：

$$\eta_i^+ = \frac{Sd_i^-}{Sd_i^- + Sd_i^+}, i = 1,2,\cdots,m$$

（7）根据贴近度数值由大到小对方案进行排序，贴近度数值最大者为最优方案。

4.2.5 模糊综合评价法

模糊综合评价法是一种基于模糊数学的评价方法，它通过模糊数学的原理来处理作战效能评估中不确定性和模糊性问题，为决策者提供更加全面和客观的评价结果。在效能评估中，模糊综合评价法的应用过程通常包括以下几个主要步骤。

(1)确定评价目标和准则。

明确评价对象和目的,确定影响效能评估的关键准则或指标。

(2)构建评价指标体系,确定评价指标权重。

该步骤可以利用 AHP 法或其他方法完成。

(3)构建模糊评价集。

根据评价指标,构建模糊评价集,例如{好、中、差}等。将评价集转化为模糊数,如{(0.7,0.2,0.1)}表示大部分是"好",小部分是"中",极小部分是"差"。

(4)收集和处理数据。

收集与评价指标相关的数据。对数据进行标准化处理,消除不同指标间的量纲影响。

(5)构建模糊评价矩阵,模糊合成。

利用专家打分或数据分析结果,构建模糊评价矩阵。根据确定的权重,进行模糊合成运算,将各指标的模糊评价值合成为对评价对象的综合评价值。

(6)确定评价阈值,进行模糊综合评价。

根据评价目的和实际情况,确定评价等级的阈值。利用模糊综合评价的方法,将合成的评价值与评价阈值进行比较,确定评价对象所属的评价等级。

(7)结果分析和敏感性分析。

对评价结果进行分析,解释评价对象的效能水平,提供改进建议或决策支持。同时,还可以对评价过程中的关键参数进行敏感性分析,检验评价结果的稳定性。

第5章　作战效能评估指标体系设计

在介绍作战试验和作战效能概念基础上，考虑某任务方向现有的典型防空反无人装备现状，构建反无人机蜂群作战效能指标体系。指标类别包含定性指标和定量指标，以定量指标为主。指标范围涵盖软杀伤和硬摧毁两类武器装备的效能指标。构建的指标体系要能够适用于建立的作战效能模型，能够支撑选取的作战效能评估方法。

5.1　作战试验及作战效能概述

作战试验应围绕能打胜仗战略要求，坚持战斗力标准，紧贴实战化需求，重点考核装备系统或装备体系作战效能、保障效能、作战适用性、作战任务满足度，以及质量稳定性等内容，规范起来可以总结为作战效能、作战适用性、体系适用性和在役适用性4个方面。我们重点来介绍作战效能。

作战效能指的是装备对象在作战环境下满足特定作战任务要求的能力。作战效能试验复杂度高、组织实施难度大，须深入研究各类影响因素，进行合理处置和妥善设计，从而营造出逼真可靠的试验环境，为取得真实有效的试验结果提供保证。作战效能影响因素主要包括战场环境、任务需求、装备运用等方面。具体如下：

（1）战场环境。战场环境包括自然环境、人工环境、电磁环境和对抗环境等。自然环境对于装备效能的发挥具有直接的影响。自然环境主要涉及地理环境和气候环境两个方面。影响装备效能的地理环境因素主要包括地形的起伏、地表的附着能力、水体的深度、流速、浑浊度、腐蚀程度、风浪等方面，这些因素主要会影响装备的行驶、通信、通视、观察、防护、打击等多方面的效能。影响装备效能的气候环境因素主要包括风速、风力、能见度、降雨、降雪等方面，它们直接影响着装备的使用。作战效能试验应以作战想定为依托，选择接近装备使用环境的若干典型环境，以期真实地反映装备的使用效能，无须面面俱到或专门考察装备极限环境条件下的作战效能。

（2）任务需求。对于不同的任务需求，装备的效能会有不同方面、不同程度的体现，所以在不同军事任务中测得的装备作战效能也不尽相同。例如，在进攻作战中，装备边机动边发扬火力，而且机动过程很可能影响到火力的发挥，使得装备平均机动速度和平均射击时间间隔等表征装备机动效能和火力效能的指标低于正常的性能值;而在防御作战中,装备很可能原地不动地执行任务,这时装备的机动效能无从体现,而火力效能却因为可以专注于射击而接近其性能值,这就是任务需求对装备作战效能的影响。通常,一种装备可能会承担数十种军事任务,所以,一种军事任务下的装备效能不足以代表装备全部的作战效能,必须要研究装备在几种典型军事任务中的作战效能,从而发现装备效能与任务类型之间的关系,发现装备适于执行的任务和不适于执行的任务,找出装备最佳的运用方式,改进装备自身的短板。

(3)装备运用。装备效能的发挥与装备的运用方式有着直接的关系,尤其是战术战法的选择,合理的战术战法能够使装备充分发挥自身的优势,在有效地保存自己的条件下最大限度地压制对手,不合适的战术战法不但会制约装备自身能力的发挥,而且可能导致装备的战损。所以,选择合理的运用方法,有助于装备作战效能的提高。装备效能试验不但是对装备自身能力发挥程度的检验过程,而且也是装备使用方式研究与试验的过程,可以通过在相同的试验条件下尝试运用不同的战术战法,考查装备效能的变化情况,从而发现有助于装备效能发挥的运用方式,创造出适于装备自身特点的、行之有效的运用方法。

5.2　影响作战效能的因素分析

影响作战效能的诸因素中,有些容易量化,如战斗单位数、武器弹药数等,有一些不易量化,如训练水平、士气、战斗人员素质、指挥员性格等,此外,武器装备多种多样,数量分别列出来固然可以,但有时又需要统一比较。现代战争中,不论作战规模大小,一般情况下,参战双方大都是诸兵种合成结构。为了比较由多兵种、多类武器、多种战斗因素构成的战斗力,就需要有一个统一的评定标准。

5.3　指标体系构建的原则

(1)科学性。

运用科学的方法,对武器装备的构成特点、各部分(系统)之间的联系和运动过程,结合武器装备工作实际情况来确定所设置的指标名称及含义,计算途径和方法,使这些指标均建立在科学的分析基础上。

(2)整体性。

确定指标时,不是孤立地就指标本身考虑问题,而是把它放在武器装备系统的整体中,从整体的角度考虑单项指标与其他指标的关系。指标体系要能覆盖武器装备的整体性能,特别是影响发展趋势的重要指标均尽可能纳入。所设指标要有利于武器系统及各项工作的协调发展。

(3)可行性。

指标体系要易于理解,有统计基础,通俗易懂。同时,充分考虑各项指标的数据来源,能定量描述的尽量定量描述,不能定量描述但确实很重要的指标,也不回避定性描述,但严格控制数量。只有对确实说不清楚的个别指标才可能考虑舍弃。

(4)动态性。

武器装备所承担的作战任务在作战全过程中是不断发展变化的,因而反映其工作特点的指标体系也不是一成不变的。因此,设置指标时,应充分考虑完成任务中的动态变化情况。

(5)可比性。

指标体系应能在不同时间、不同地点进行比较和对照,以反映和判定武器装备在不同时空条件下的运行状态。

(6)简洁性。

尽量采用有代表性的重要指标作为评价尺度,既提出纲领简明扼要,又疏而不漏,避免包罗万象,烦琐复杂。

5.4 指标体系建立的基本流程

作战效能评估指标体系的建立,要遵循科学的流程。主要包括以下几个步骤,如图5-1所示。

5.4.1 明确评估目的

首先确定为什么要进行作战效能评估,是为了评估武器装备的选型、作战方案的优化、部队的训练水平还是其他目的。例如,如果是为了评估某型防空高炮对反无人机群的作战效能,以便决定是否列装部队,那么评估重点就不仅是高炮的射击精度、探测距离等战技术性能,还要包括操作人员的训练情况和心理承受能力等与作战直接相关的指标上。

5.4.2 分析作战任务和作战环境

详细分析作战任务的类型(如进攻、防御、侦察等)、任务的目标(如反无人机群侦

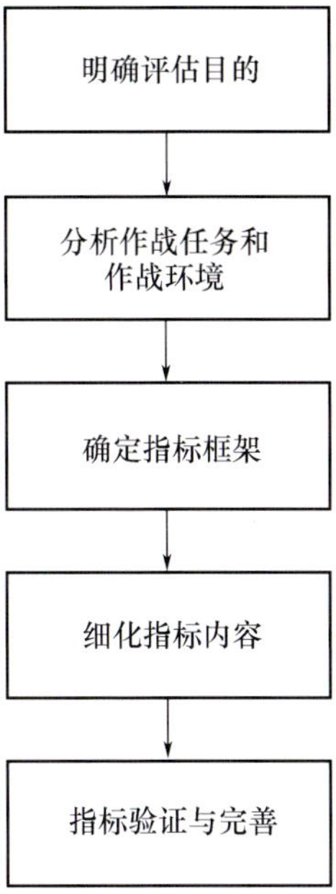

图 5-1　作战效能评估指标体系的建立的基本流程

察、反无人机群进攻等)，以及作战环境的特点(如地形地貌、气象条件、电磁环境等)。例如，在山地作战环境下，武器装备的机动性指标就需要重点考虑山地的坡度、海拔等因素对装备行动的影响；在复杂电磁环境中，电子设备的抗干扰能力指标则变得尤为重要。根据作战任务和环境确定影响作战效能的关键因素，这些因素将是构建指标体系的基础。

5.4.3　确定指标框架

(1)构建层级结构。

构建层级结构一般分为目标层、准则层和指标层。目标层即为作战效能这一总体目标；准则层则根据评估情况而定，指标层则是具体的可量化或可评估的指标。如果是对全系统的作战效能评估，则准则层为各类分系统(或装备)；如果是对单装作战效能的评估，则具体可将装备的作战效能的进一步细分为火力打击能力、机动能力、防护能力等。同时，对于不能直接衡量的能力，还可再次往下一个指标层次划分，例如，火力打击能力下的二级指标可以包括最大射程、射击精度、火力反应时间等具体指标。

(2)确保框架完整性与合理性。

指标框架应全面涵盖与作战效能相关的各个方面，但也要避免过于繁杂。在初步确定框架后，需进行内部合理性审查，检查各准则层之间是否相互独立又相互关联，指标层是否能有效支撑准则层，避免出现指标遗漏或重复设置的情况。

5.4.4 细化指标内容

(1)指标定义。

对每个指标进行详细的定义，明确其内涵和外延。例如，对于火力打击能力指标，要明确是指在单位时间内能够对目标造成的毁伤程度，包括武器的射程、射速、命中精度和毁伤威力等具体内容。

(2)量化方式的确定。

确定指标的计算方法或量化方式，使指标能够用具体的数据来表示。例如，对于定量指标，如可用度，可以通过故障平均间隔时间和故障平均修复时间等参数来衡量。对于定性指标，要建立科学合理的评价标准和等级划分。例如，对于某型防空高炮的操作人员的操作技能来说，可以划分为优秀(操作完全符合战场实际情况且取得显著作战效果)、良好(操作基本正确，作战行动顺利推进)、合格(操作存在小失误但未对作战造成重大影响)、不合格(操作失误导致作战失利或重大损失)等不同等级，并通过专家评价、案例分析等方式进行评定。

5.4.5 指标验证与完善

通过模拟实验、实兵演练、案例分析等方式对初步构建的指标体系进行验证。

(1)模拟实验验证。

利用作战模拟系统或仿真平台，设置与实际作战场景相似的环境和任务条件，按照确定的指标体系对模拟作战过程进行数据采集和分析。例如，在模拟反无人机蜂群作战中，观察不同无人机模型及反无人机装备在设定指标下的表现，如武器发射成功率、机动规避成功率等指标是否能真实反映装备在作战中的效能差异。如果发现某些指标在模拟实验中无法有效区分作战效能或者与实际作战经验不符，就需要对指标进行调整。

(2)实兵演练验证。

在部队实兵演练中，按照评估指标体系对参演部队的作战行动进行全面记录和分析。例如，在可实战演练无人机进攻，然后由陆军合成旅进攻防御演练。并统计部队的火力输出量、人员伤亡数、装备战斗损伤数量等指标数据，与预设的评估标准进行对比。同时，收集参演人员的反馈意见，了解指标体系是否能够全面、准确地反映装备在实际作战中的表现，是否存在指标难以测量或与实际作战感受脱节的情况。

(3)案例分析验证。

选取历史上的经典作战案例,按照构建的指标体系对案例中的参战方的作战效能进行回溯性评估。例如,分析 1990 年 8 月至 1991 年 2 月发生的某场局部战争中联军和伊拉克军队在不同作战阶段的作战效能,对比指标评估结果与实际战争结局的吻合程度。通过案例分析,可以发现指标体系在不同作战场景、不同作战规模下的适用性问题,从而对指标进行优化和完善。

(4)完善指标体系。

根据验证过程中发现的问题,对指标体系进行调整。可能需要剔除那些无法有效反映作战效能、数据难以获取或与其他指标高度相关(存在冗余)的指标;补充在验证过程中发现的缺失指标,尤其是那些对作战效能有重要影响但之前未被纳入体系的指标;优化指标的计算方法和评价标准,使其更加科学合理、符合实际作战情况,最终形成一套完善且具有较高可信度的作战效能评估指标体系。

5.5　反无人机蜂群作战效能评估指标体系

目前,在所分析的案例中,有部分防空反无人机装备(包括高炮、雷达等),反无人机的手段也包括侦察、软杀伤、硬摧毁等。具体来说,可先建立不同装备系统的评估指标体系,然后再进行融合。本书在构建作战效能评估指标体系和作战效能评估方面,涉及的装备主要包括防空高炮、便携式导弹、电子干扰设备和霰弹枪。其指标体系如图 5-2 所示。

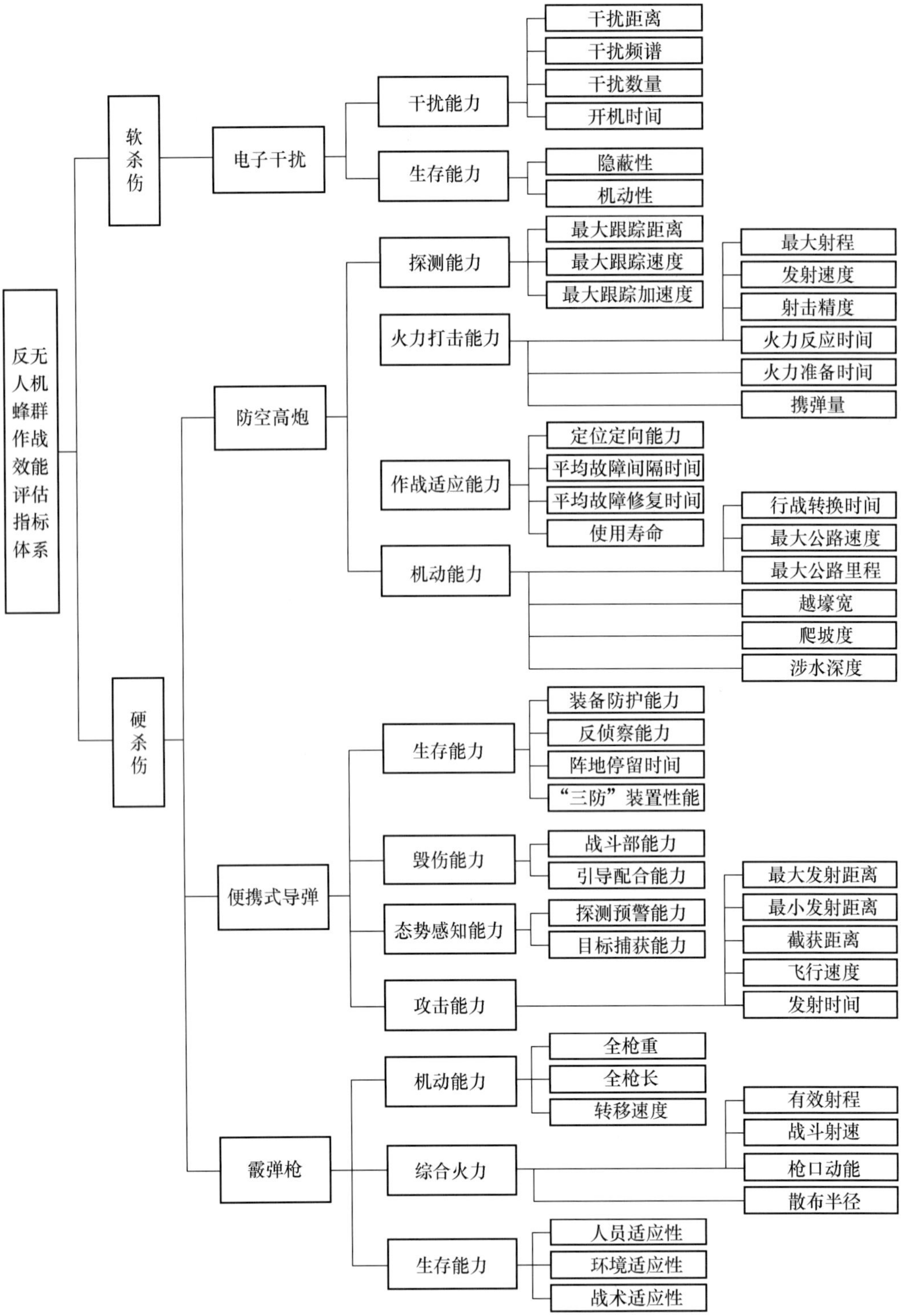

图 5-2　反无人机蜂群的作战效能评估指标体系

第 6 章　作战效能评估模型构建

在建立作战效能指标体系基础上，考虑作战地域环境和无人机蜂群目标因素，结合作战效能评估方法的应用条件，建立作战效能评估模型集，包含单装、分系统和全系统的作战效能评估模型，能够应用前期建立的指标体系和作战效能评估方法，能够支撑后续开发的作战仿真与评估系统的调用和计算。

6.1　单装作战效能评估模型

6.1.1　高炮类装备

本书以某型弹炮结合防空武器系统进行作战效能评估研究。采用对 ADC 效能评估模型改进版的 KADCS 方法，对该系统进行作战效能评估，作战效能评估模型为

$$E = \boldsymbol{KADCS}$$

在上述模型中，除了包含可用度（$\boldsymbol{A}$）、可信度（$\boldsymbol{D}$）和固有能力（$\boldsymbol{C}$）3 个主要评价指标外，还包括操作人员能力系数（$\boldsymbol{K}$）和生存能力（$\boldsymbol{S}$）。在前文的基础上，对防空高炮作战效能评估指标体系进行细化，如图 6-1 所示。

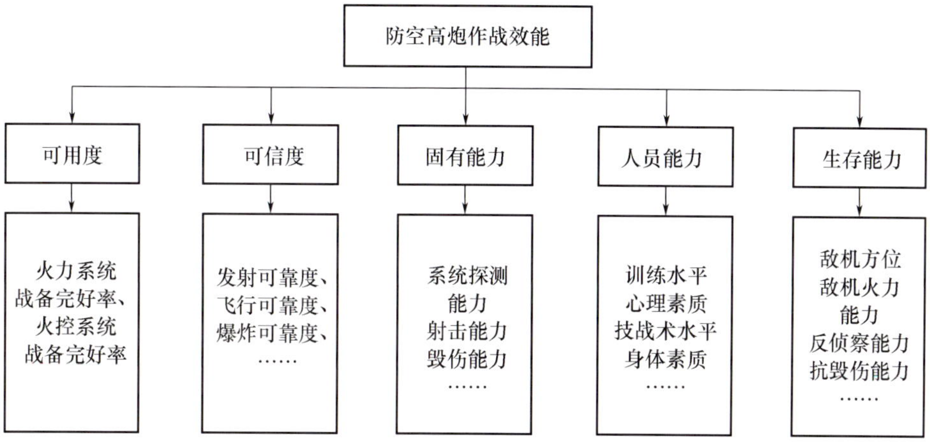

图 6-1　防空高炮作战效能的评价指标体系

(1)可用度向量 $\boldsymbol{A}$ 的计算模型。

根据某型弹炮结合系统的构成,可以看出该武器由火力系统和火控系统组成。当火控系统出现故障时,火力系统可以借助于光学瞄准镜继续射击。由此可得,该武器可能出现的状态有以下几种:

① 火力系统和火控系统都正常,系统正常;

② 火力系统正常,火控系统故障,借助瞄准镜继续射击,系统正常;

③ 火力系统故障,或者火控系统和瞄准镜同时故障,系统故障。

对于以上状态,对应的可用度向量 $\boldsymbol{A}$ 为

$$\boldsymbol{A} = [a_1, a_2, a_3]$$

式中,$a_1 = a_{\mathrm{hl}} \cdot a_{\mathrm{hk}}$;$a_2 = a_{\mathrm{hl}}(1-a_{\mathrm{hk}})$;$a_3 = 1-a_1-a_2 = 1-a_{\mathrm{hk}}$。

且

$$a_{\mathrm{hl}} = \frac{\mathrm{MTBF_{hl}}}{\mathrm{MTBF_{hl}} + \mathrm{MTTR_{hl}}}, a_{\mathrm{hk}} = \frac{\mathrm{MTBF_{hk}}}{\mathrm{MTBF_{hk}} + \mathrm{MTTR_{hk}}}$$

式中,a_{hl}、a_{hk} 分别为火力系统可用度和火控系统的可用度;$\mathrm{MTBF_{hl}}$、$\mathrm{MTBF_{hk}}$、$\mathrm{MTTR_{hl}}$ 和 $\mathrm{MTTR_{hk}}$ 分别为火力系统和火控系统的平均故障间隔时间和平均故障修复时间。

(2)可信度向量 $\boldsymbol{D}$ 的计算模型。

由于无人机蜂群进攻具有实时性、快速性等特点,故该弹炮结合系统在执行反无人机蜂群任务的过程中不具备修理条件,故其可信度矩阵的某些元素为零。即在开始执行任务后(或执行任务过程中),由于战场环境的限制,处于故障状态的子系统不可能再开始工作,所以这些子系统对应的元素都为零。而且,状态序号越大(即时间越靠后)故障越多。因而,可信度矩阵为一个三角形矩阵。即在这种情况下,可信度矩阵为

$$\boldsymbol{D} = \begin{bmatrix} d_{11} & d_{12} & \cdots & d_{1n} \\ 0 & d_{22} & \cdots & d_{2n} \\ \cdots & \cdots & & \vdots \\ 0 & 0 & \cdots & d_{nn} \end{bmatrix}$$

对于只有 3 种工作状态的某型弹炮结合系统,可信度向量为

$$\boldsymbol{D} = \begin{bmatrix} d_{11} & d_{12} & d_{13} \\ d_{21} & d_{22} & d_{23} \\ d_{31} & d_{32} & d_{33} \end{bmatrix}$$

式中,$d_{11} = \mathrm{e}^{-(\lambda_{\mathrm{hl}}+\lambda_{\mathrm{hk}})t}$;$d_{12} = -\mathrm{e}^{-(\lambda_{\mathrm{hl}}+\lambda_{\mathrm{hk}})t} + \mathrm{e}^{-\lambda_{\mathrm{hl}}t}$;$d_{13} = 1-\mathrm{e}^{-\lambda_{\mathrm{hl}}t}$;$d_{22} = \mathrm{e}^{-\lambda_{\mathrm{hl}}t}$;$d_{23} = 1-\mathrm{e}^{-\lambda_{\mathrm{hl}}t}$;$d_{33} = 1$。

其中,t 为系统工作时间;λ_{hl} 和 λ_{hk} 分别为火力和火控系统的故障率,且 $\lambda_{\mathrm{hl}} = \dfrac{1}{\mathrm{MTBF_{hl}}}$,

$\lambda_{hk}=\frac{1}{\mathrm{MTBF}_{hk}}$。

(3)固有能力 C 的计算模型。

该弹炮结合系统的固有能力包括系统探测、火力打击和机动性等能力,每个能力还由多个指标所构成,如图 6-2 所示。

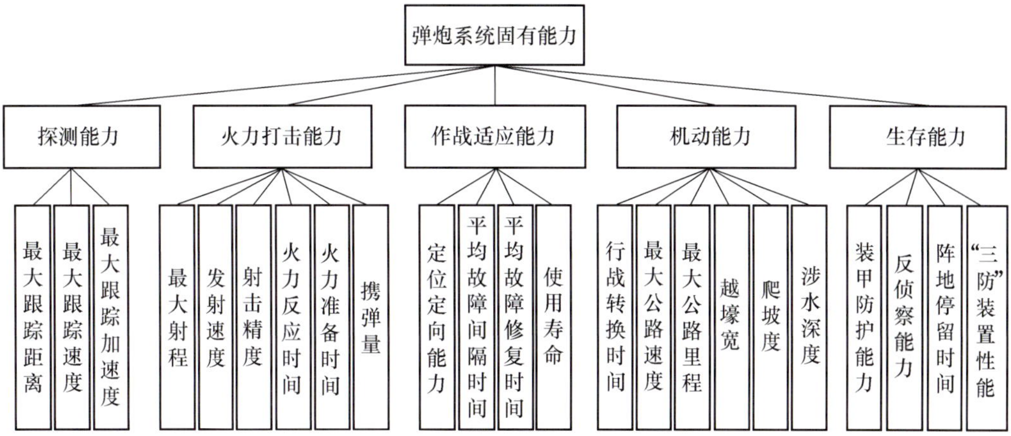

图 6-2　防空高炮固有能力评价指标体系

对于固有能力,可采用 AHP 法进行求解得到。

(4)操作人员能力 K 的计算模型。

弹炮结合系统操作员在战场中,通过发现目标、实施战术机动,并操纵系统发射击落(击毁)无人机,是具体实施作战的主体,其能力素质的高低直接关系到战术的运用及作战能力的高低。操作人员能力素质由训练水平、心理素质、技战术水平和身体素质综合决定。素质系数计算公式为

$$K=\sum_{i=1}^{4}w_i k_i,\text{且 } k_i\leqslant 1,\ \sum_{i=1}^{4}w_i=1$$

式中,w_i 为各项指标的权重;k_i 为各指标因素在作战中能够达到的程度。

(5)生存能力 S 的计算模型。

武器系统的生存能力,是指在作战条件下保证作战能力不会遭受重大损失,能连续、有效地执行规定任务的一种性能。生存能力受以下 4 个关键因素的制约:被发现的可能性、被命中的可能性、武器系统的易损性和可修复性,且通常用生存概率来量度。弹炮结合系统的生存概率可用下式描述:

$$S=1-P_{DA}P_{HKA}P_{nr}$$

式中,S 为高炮系统的生存概率;P_{DA} 为敌机对高炮系统的发现概率;P_{HKA} 为敌机对高炮

系统的命中毁伤概率；P_{nr} 为高炮系统被毁后的不可修复概率。

6.1.2 便导类装备

本项目选取某型便携式防空导弹装备进行作战效能评估研究。

采用对 ADC 效能评估模型改进版的 KADCS 对便携式防空导弹系统进行作战效能评估，即作战效能为

$$E = \boldsymbol{KADCS}$$

上式中除了包含可用度($\boldsymbol{A}$)、可信度($\boldsymbol{D}$)和固有能力($\boldsymbol{C}$)3 个主要评价指标外，还包括操作人员能力系数(K)和生存能力($\boldsymbol{S}$)。便携式防空导弹作战效能的评价指标体系如图 6-3 所示。

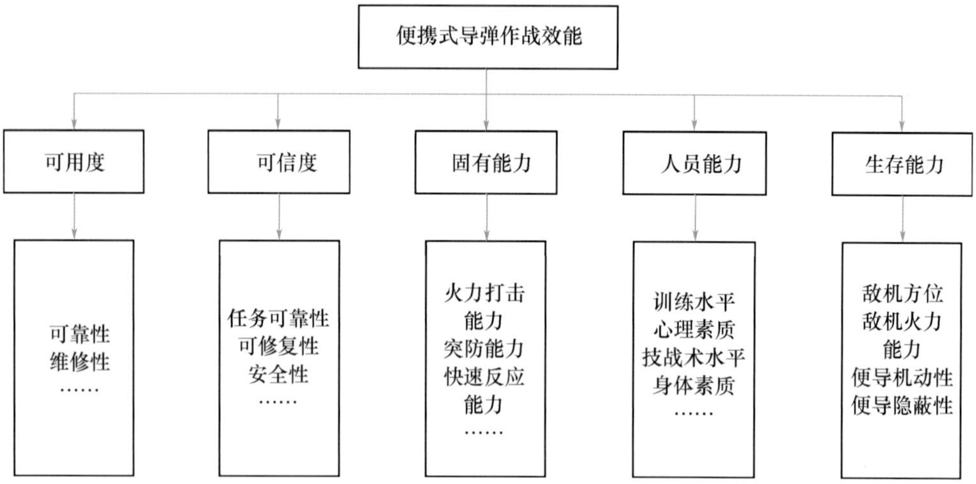

图 6-3　便携式导弹作战效能的评价指标体系

(1)可用度向量 $\boldsymbol{A}$ 的计算模型。

系统在开始工作时，可能出现不同的状态。可用性是系统开始执行任务时所处状态的表征，开始执行任务时处于所有可能状态的概率组成了可用性向量，记为 $\boldsymbol{A}$。某复杂系统可用度分析模块示意图如图 6-4 所示。

从图 6-4 中可以看出模块 1、模块 2、……、模块 e 为串联关系，如果有一个模块发生故障，则系统会发生故障被迫停止。另外，在系统中还存在一些并联系统。以模块 1 为例，模块 1 中含有 m 个并联关系，也就是说这 m 个系统只要存在一个可正常运行，该系统就不会被迫停止。

假设系统有 n 种状态，其可用度向量就是一个 n 维向量，即

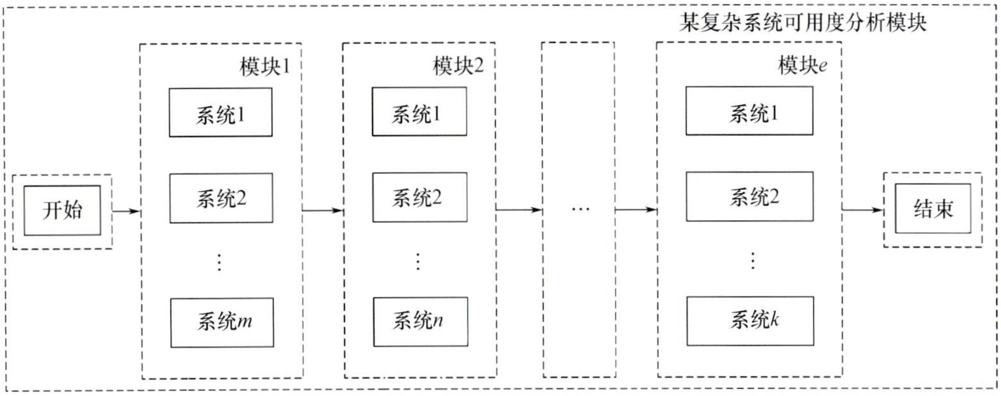

图 6-4　某复杂系统可用度分析示意图

$$A = [a_1, a_2, \cdots, a_n]$$

在开始执行任务时,武器系统只能处于 n 种可能状态中的一种状态,n 种可能的状态构成了样本空间,故有:

$$\sum_{i=1}^{n} a_i = 1$$

式中,a_i 为系统开始执行任务时处于第 i 种状态的可用度。

系统可用度向量大体上可分为串联系统可用度向量、并联系统可用度向量、组合系统可用度向量 3 种。

①串联系统可用度向量。

若某系统的 N 个组成单元之间是全串联关系,则该系统为串联系统。当系统中任何一个组成部分发生故障时,系统无法正常工作,所以系统有正常工作和系统故障两种可能的状态。系统可用度向量 $\boldsymbol{A}$ 为

$$\boldsymbol{A} = [a_1, a_2]$$

式中,a_1 为系统处于正常状态下的可用度;a_2 为故障状态下的可用度。

$$\begin{cases} a_1 = \prod_{i=1}^{N} \dfrac{\mathrm{MTBF}_i}{\mathrm{MTBF}_i + \mathrm{MTTR}_i} \\ a_2 = 1 - a_1 \end{cases}$$

式中,MTBF_i 为第 i 个单元的平均故障间隔时间;MTTR_i 为第 i 个单元的平均修复时间。

②并联系统可用度向量。

若系统的 N 个部分之间是并联关系,某个单元故障时不会对其他单元造成影响,系统共有 $n(n=2^N)$ 种状态。各种状态可用度为下式的展开项。

$$\prod_{i=1}^{N}(a_i+\bar{a}_i)=\prod_{i=1}^{n}a_i+\cdots+\prod_{i=1}^{n}\bar{a}_i$$

式中，a_i 为第 i 个单元的可用度，$\bar{a}_i$ 为第 i 个单元的不可用度。

③组合系统可用度向量。

实际系统结构复杂，既包含串联组成关系，又包含并联组成关系。首先根据系统的功能对组成进行合理的划分，确定系统可能的工作状态，再对每种状态下的可用度进行求解。

可用度向量计算结果的准确程度，将直接影响系统效能的计算结果，因此必须准确地划分系统可用性状态。

（2）便携式导弹的组成。

便携式防空导弹作战装备，即直接参与完成防空作战的各种装备，主要由装筒导弹、地面能源、发射机构、光学瞄准具、敌我识别装置、红外夜视瞄准具等组成，如图 6-5 所示。

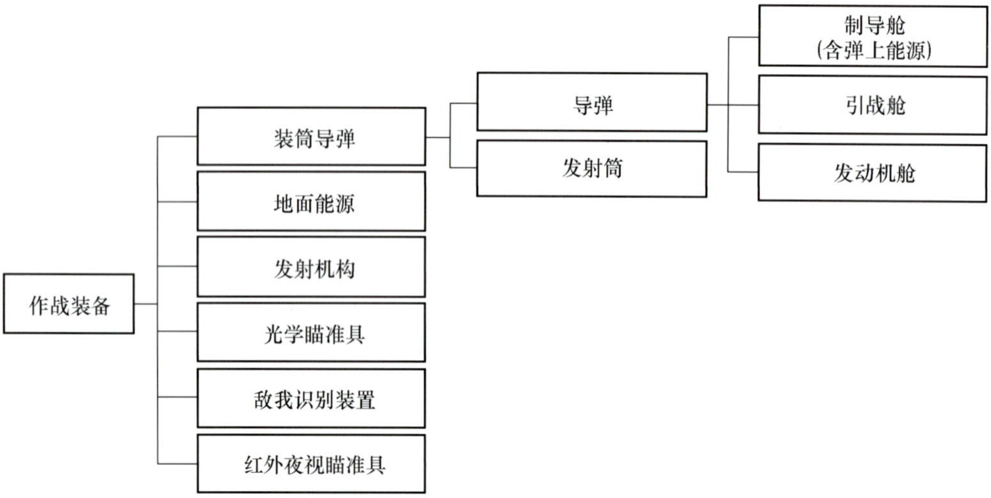

图 6-5　某型便携式防空导弹系统组成

可见，根据功能划分，可将便携式防空导弹划分为导弹系统（装筒导弹）、发射系统（发射机构）、瞄准系统（光学瞄准具、红外夜视瞄准具）和综合保障系统（地面能源和敌我识别装置）。

（3）便携式防空导弹系统的可用度模型。

可用度 $\boldsymbol{A}$ 是便携式导弹系统开始执行任务时的状态描述。

这里为了简单描述，仅考虑如下四种情况。

①X_1，所有模块正常；

②X_2,装筒导弹模块或发射系统故障,其他模块正常;

③X_3,瞄准系统模块故障,其他模块正常;

④X_4,其他情况。

以上 4 种状态对于作战来说,其实仅有可用和不可用两种。故可用度向量为

$$\boldsymbol{A} = [a_1, a_2]$$

式中,a_1 表示系统可用;a_2 表示系统不可用,即故障。

在开始执行任务时,这些状态构成了该系统所有可能的状态的样本空间。因此可用性向量所有元素和为 1,即

$$\sum_{i=1}^{2} a_i = 1$$

根据该型号以上模块的可靠性与维修性指标,就可以获得在刚开始使用时的可用度矩阵。

(4)可信度向量 $\boldsymbol{D}$ 的计算模型。

可信度评估的是便携式导弹系统在使用过程中完成规定任务的测度。便携式导弹系统可信性主要包含维修性、可靠性两方面,其中维修性可从维修度、修复率、平均修复时间、维修能力等几个方面对指标进行度量;可靠性可从可靠度、故障率、平均寿命等几个方面对指标度量。其指标体系如图 6-6 所示。

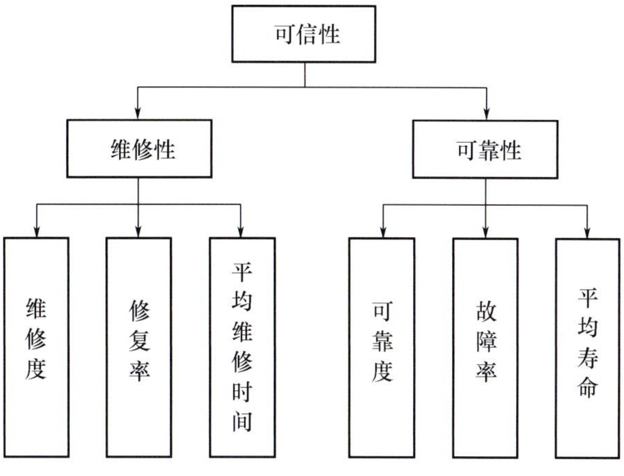

图 6-6　可信性指标体系示意图

维修性:是在规定时间和条件下,对系统以一定的方法流程维修后,系统能够恢复到规定状态的能力,维修性通过维修度、修复率和平均维修时间来衡量。

维修度:维修度反映便携式导弹系统的可修复程度,是指在规定时间和条件下,对便携式导弹系统维修后系统能够恢复到规定状态的概率。

修复率：修复率是指在时刻 T 处于未修复状态的系统，在 t 时刻之后，单位时间之内能够修复成正常工作状态的概率。

平均修复时间（MTTR）：平均修复时间是便携式导弹系统通过维修，由故障状态恢复到正常状态所需修理时间的均值。当维修时间服从指数分布时，计算公式为

$$\mathrm{MTTR} = \frac{1}{\mu}$$

可靠性：是便携式导弹系统在特定条件下和指定时间内，能够完成特定任务的能力，通过可靠度、故障率和系统平均寿命 3 个指标来体现。

可靠度：可靠度是系统在指定时间内和特定条件下完成特定任务的概率。规定时间越短，可靠度概率值越大，便携式导弹系统完成任务的概率越大。

故障率（γ）：便携式导弹系统在单位时间内发生故障的次数。故障率越小，系统的可靠性越高。当产品寿命服从指数分布时，故障率和平均无故障工作间隔时间互为倒数。

平均寿命（MTBF）：平均寿命是指系统能够正常工作的时间。若系统是可修复的，用平均故障间隔表示，即系统在两次故障间的平均工作时间。

①模型假设。

为了建立便携式导弹系统可信性矩阵模型，作如下约束：

一是系统共有正常工作、轻微故障、严重故障、系统故障 4 种状态，且系统状态按照执行任务的能力依次降低；

二是系统执行任务期间，认为导弹系统、发射系统、瞄准系统和综合保障系统模块均不可修复，且只有正常和故障两种状态；

三是各个模块的故障分布均服从指数分布，故障率 γ 为常数。

四是在极短时间内认为只可能有一个模块出现故障，即两个模块同时出现故障的概率为零。

②模型求解。

可信性矩阵的求解过程图如图 6-7 所示。

一是判断系统状态。便携式导弹各个子系统在执行任务时由一种状态转换为另一种状态是随机的，且转换的概率仅与当时时刻相关，而与此前时刻无关，具有无记忆性。因此系统执行任务时的状态服从马尔可夫随机过程。

二是求解状态转移概率矩阵 $\boldsymbol{P}$。状态转移概率矩阵求解示意图，如图 6-8 所示。

若已知便携式导弹系统各个组成子系统的平均无故障工作间隔时间 MTBF_i，则导弹系统、发射系统、瞄准系统和综合保障系统模块的故障率分别为 γ_1、γ_2、γ_3 和 γ_4。由

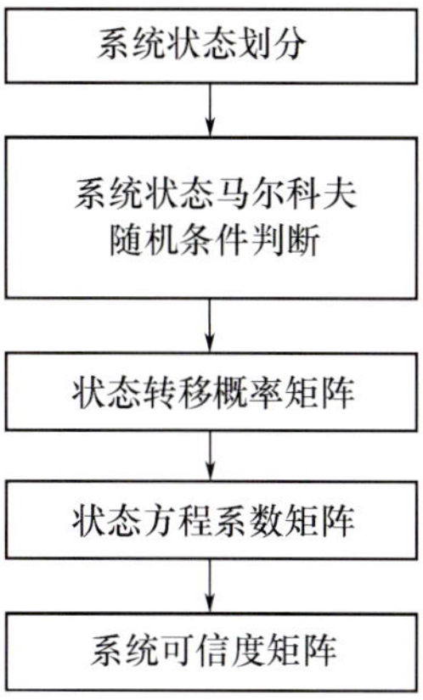

图 6-7　便携式导弹系统可用度矩阵求解过程图

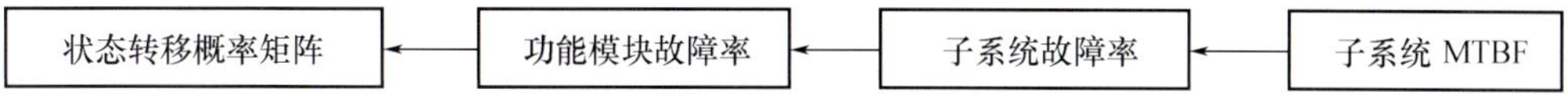

图 6-8　状态转移概率矩阵求解示意图

此计算出各系统故障率。根据假设前提条件，系统的几个功能模块在极短的时间内只能有一部分出现故障，则可求得状态转移矩阵 $\boldsymbol{P}$。

三是可信性矩阵 $\boldsymbol{D}$。将状态转移矩阵与状态方程系数相乘，可得可信度矩阵。

(5)固有能力 C 的计算模型。

针对不同的作战模式（如阵地防守和进行中遭袭反击），固有能力可分别用如下能力进行表征。

①固有能力的概述。

一是阵地防守任务的固有能力概述，主要以毁伤能力、火力打击能力、态势感知能力等来表征。

二是遭袭反击任务的固有能力概述，主要以生存能力、快速反应能力、态势感知能力、火力打击能力等来表征。

②固有能力计算方法。

项目采用 AHP 法进行固有能力的计算。下面以阵地防守任务的固有能力进行说明 AHP 法的实现流程：

一是建立层次结构模型，如图 6-9 所示。

二是构造判断矩阵。每次取两个指标 x_i 与 x_j，以 a_{ij} 表示 x_i 与 x_j 对其上级因素 $\boldsymbol{A}$ 的影响大小之比，全部比较结果用矩阵 $\boldsymbol{A}=(a_{ij})_{n\times n}$ 表示，称 $\boldsymbol{A}$ 为判断矩阵。用数字 1~9

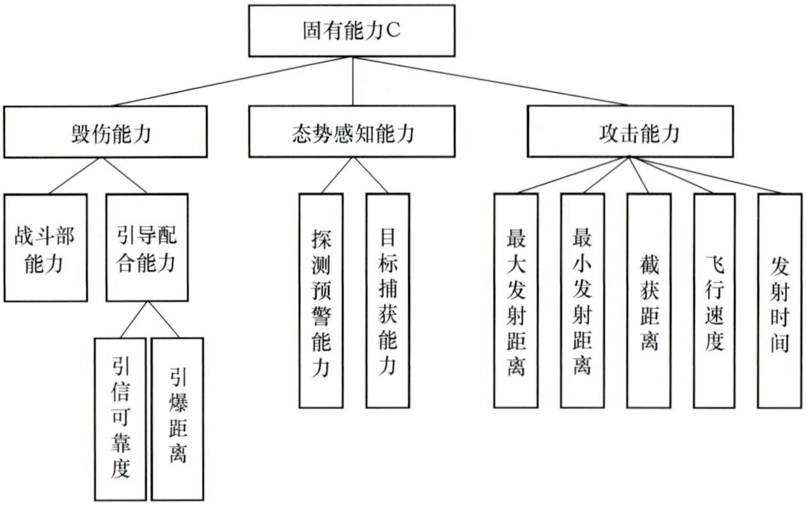

图 6–9　便携式导弹固有能力评估指标层次结构化模型图

及其倒数作为标度来确定 a_{ij} 的值。

三是层次单排序及一致性检验。判断矩阵 $\boldsymbol{A}$ 对应最大特征值 $\lambda_{\max}$ 的特征向量 $\boldsymbol{\omega}$，经过归一化后，即为同一层次相应因素对于上一层次某因素相对重要性的排序权值，这一过程称为层次单排序。由于各种因素的干扰，矩阵 $\boldsymbol{A}$ 不一定是一致矩阵，所谓一致矩阵是指满足 $a_{ij}=a_{ji}$ 的判断矩阵。可以由 $\lambda_{\max}$ 是否等于 n 来检验判断矩阵 $\boldsymbol{A}$ 是否为一致矩阵。$\lambda_{\max}$ 比 n 大得越多，$\boldsymbol{A}$ 的非一致性程度也就越严重。如果判断矩阵的一致性程度不可接受，应对判断矩阵进行适当修正。

四是层次总排序及一致性检验。上面得到的是一组元素对其上一层中某元素的权重向量。最终要得到各元素，特别是最底层中各方案对于目标的排序权重，从而进行方案选择。总排序权重要自上而下地将单准则下的权重进行合成。对层次总排序也需作一致性检验，检验仍像层次总排序那样由高到底层逐层进行。

(6)人员能力 K 的计算模型。

便携式导弹操作员在战场中，发现目标，实施战术机动，操纵系统发射击落(击毁)无人机机，是具体实施作战的主体，其能力素质的高低直接关系到战术的运用及作战能力的高低。操作人员能力素质主要由训练水平、心理素质、技战术水平和身体素质综合决定。素质系数计算公式为

$$K=\sum_{i=1}^{4} w_i k_i,\text{且 } k_i \leqslant 1,\ \sum_{i=1}^{4} w_i = 1$$

式中，w_i 为各项指标的权重；k_i 为各指标因素在作战中能够达到的程度。

(7)生存能力 S 的计算模型。

战场对抗环境下,武器系统对对手无人机进行火力打击的同时,对手无人机也会对该武器系统进行火力打击,这是一个博弈的过程,因此我们考虑武器系统作战效能的同时,也要考虑对手无人机对武器系统的作战效能,这样才能发挥武器系统的最大优势,取得最终的战斗胜利。对于生存概率的研究,由于受到对手无人机方位、火力打击能力、武器系统的机动性、隐蔽性等多方面的影响,考虑因素多,考虑情况复杂,因此在本书中进行适当简化,其计算模型为

$$S = w_1 v + w_2 c + w_3 h_d + \frac{w_4}{f_d}$$

式中,v、c、h_d 和 f_d 分别表示我方便携式导弹的机动性和隐蔽性,对手无人机的方位和火力打击能力,显然,f_d 越大,S 越小;w_1、w_2、w_3 和 w_4 分别表示各参数的权重。

6.1.3　电子干扰类装备

在本书中,选取某公司研发的某型固定式无人机定向/全向干扰设备进行作战效能评估研究。

(1)基本功能。

某型全向无人机干扰装备属于软杀伤装备,由无人机全向干扰设备 1 台(进行反制)及后端管控平台(对全过程进行监测和管控)组成。

①干扰压制。

通过全向干扰设备发射干扰信号,360°全向电磁干扰压制无人机的遥控信号和图传信号,实现对无人飞行器遥控链路、图传链路和导航信号的干扰阻断,让无人机失去遥控者控制,从而实现让无人机返航或迫降。可布设于特定防护区域,构建全天候的无人机禁飞区。

②管控平台。

管控平台根据事件级别、外界因素等条件自动判断最优打击手段。作为多传感器信息、多网络节点共享交换的中心枢纽,管控平台通过分布式、多中心的资源共享服务,实现多中心数据资源、多节点的互连互通和数据共享,可对区域内多节点的多种传感数据进行存储、管理和分析,是系统的核心。可与人员监控有效互补形成人机和人技共防。

(2)作战效能评估。

对于某型固定式无人机定向/全向干扰设备,可采用 ADC 法进行作战效能评估。

①可用度向量 $\boldsymbol{A}$ 的计算模型。

可用度向量是衡量该装备在开始执行任务时的状态概率。由于该装备执行任务时

的工作状态只有“正常”和“故障”两种状态，因此，其可用性就可以表示为

$$\boldsymbol{A}=[a_1,a_2]$$

式中，a_1 表示任务开始时，电子干扰装备处于正常工作状态概率，可由 $a_1=\frac{\text{MTBF}}{\text{MTBF+MTTF}}$ 计算得到；a_2 表示任务开始时，电子干扰装备处于故障状态的概率，可由 $a_2=\frac{\text{MTTF}}{\text{MTBF+MTTF}}$ 计算得到；MTBF 表示在任务准备阶段的平均故障间隔时间；MTTF 表示在任务准备阶段的平均故障修复时间。

显然，$a_1+a_2=1$。

②可信性矩阵 $\boldsymbol{D}$ 的计算模型。

针对无人机蜂群攻击，为电子干扰装备提供维修的时间非常短暂，因此，可假设在整个任务执行过程中，电子干扰装备的主要是“正常”和“故障”两种状态。其可信度 $\boldsymbol{D}$ 可以简化表示为

$$\boldsymbol{D}=\begin{bmatrix} d_{11} & d_{12} \\ d_{21} & d_{22} \end{bmatrix}$$

式中，d_{11} 为在任务开始阶段处于正常状态，在任务过程中仍处于正常状态的概率；d_{12} 为在任务开始阶段处于正常状态，在任务过程中处于故障状态的概率；d_{21} 为在任务开始阶段处于故障状态，在任务过程中处于正常状态的概率；d_{22} 为在任务开始阶段处于故障状态，在任务过程中仍处于故障状态的概率。

依据假设，$d_{21}=0$。

③固有能力 C 的计算模型。

电子干扰设备的主要功能就是实施干扰，同时防止对手攻击。所以，可通过图 6-10 对固有能力进行描述。

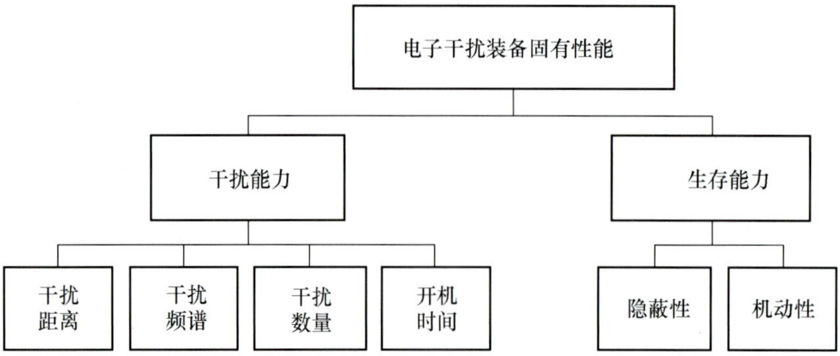

图 6-10　电子干扰设备固有性能评价指标体系

可采用加权和的方法确定其固有能力 C 的大小。

6.1.4 自卫拦截类装备

本书选取某型自动霰弹枪进行作战效能评估研究。枪械系统作战效能,是枪械系统在确定的作战环境,即作战想定中完成具体作战任务的能力。对于某型自动霰弹,可采用 ADC 法进行作战效能评估。

(1)可用度向量 $\boldsymbol{A}$ 的计算模型。

作为霰弹枪系统在开始作战时所处状态的度量,可用度向量用在开始执行任务时霰弹枪的状态概率来表示。由于霰弹枪在执行任务时的工作状态只有“正常”和“故障”两种状态,因此,其可用性就可以表示为

$$\boldsymbol{A} = [a_1, a_2]$$

式中,a_1 表示任务开始时,霰弹枪处于正常工作状态概率,可由 $a_1 = \dfrac{\text{MTBF}}{\text{MTBF+MTTF}}$ 计算得到;a_2 表示任务开始时,霰弹枪处于故障状态的概率,可由 $a_2 = \dfrac{\text{MTTF}}{\text{MTBF+MTTF}}$ 计算得到;MTBF 表示霰弹枪在任务准备阶段的平均故障间隔时间;MTTF 表示霰弹枪在任务准备阶段的平均故障修复时间。

显然,$a_1 + a_2 = 1$。

(2)可信性矩阵 $\boldsymbol{D}$ 的计算模型。

作为霰弹枪系统在任务过程中所处的状态指标,$\boldsymbol{D}$ 映射了霰弹枪在使用过程中所处的各种状态的集合。任务过程中的某种状态,都可以经过霰弹枪自身的变化和维护修理,转化为其他状态。

霰弹枪在任务过程中只有“正常”和“故障”两种状态,因此霰弹枪的可信性 $\boldsymbol{D}$ 可以简化表示为

$$\boldsymbol{D} = \begin{bmatrix} d_{11} & d_{12} \\ d_{21} & d_{22} \end{bmatrix}$$

式中,d_{11} 表示霰弹枪在任务开始阶段处于正常状态,在任务过程中仍处于正常状态的概率;d_{12} 表示霰弹枪在任务开始阶段处于正常状态,在任务过程中处于故障状态的概率;d_{21} 表示霰弹枪在任务开始阶段处于故障状态,在任务过程中处于正常状态的概率;d_{22} 表示霰弹枪在任务开始阶段处于故障状态,在任务过程中仍处于故障状态的概率。

(3)固有能力 C 的计算模型。

对于武器系统,一般可以将它们的能力归纳为机动能力、打击能力、生存能力等 4

个制约因素方面。霰弹枪在完成指定的作战任务时,与之相关要素的能力集成,称作该枪的固有能力。定义中的能力,主要体现在直射距离、作用效果、携弹量、使用适应性等方面。所以,可以将上述能力具体到图 6-11 所示情况。

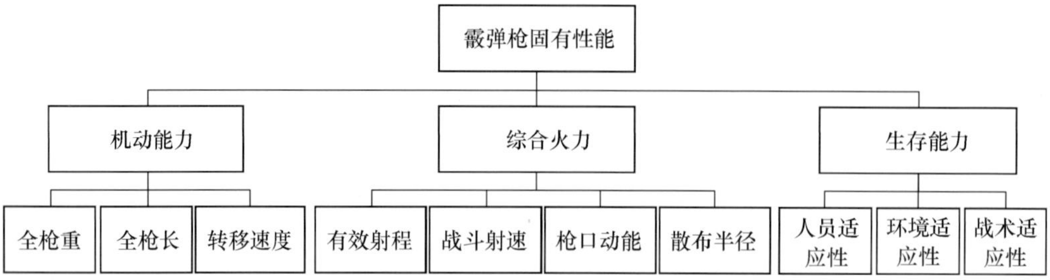

图 6-11　霰弹枪固有能力 *C* 的评价指标体系

根据分析可知 3 个能力关系密切,可采用串联关系直接描述,因此,用直接乘积法。其计算模型为

$$C = c_m \cdot c_p \cdot c_s$$

式中,c_m 表示机动能力;c_p 表示打击能力;c_s 表示生存能力。

将霰弹枪的各项能力指标细化如下:

①机动能力 c_m。

机动能力分为枪械质量、全枪长度和转移速度 3 个部分。这三者相互间的影响较小,可采用加权求和的方法,其计算模型为

$$c_m = w_w \times c_w + w_l \times c_l + w_v \times c_v$$

式中,c_w、c_l 和 c_v 分别表示霰弹枪的质量、全枪长和转移速度的能力值;w_w、w_l 和 w_v 分别表示霰弹枪的质量、全枪长和转移速度的权重,且 $w_w+w_l+w_v=1$。

显然,根据不同的战场环境和作战任务要求,步枪的机动能力有所不同。比如,行进过程中的展开和防守,霰弹枪使用、人员的转移速度将会有所不同。

②打击能力 c_p。

打击能力涉及有效射程、战斗射速、枪口动能和散布圆半径四个指标。这四者相互间的影响较小,采用加权求和的方法。其计算模型为

$$c_p = w_r \times c_r + w_f \times c_f + w_e \times c_e + w_d \times c_d$$

式中,c_r、c_f、c_e 和 c_d 分别表示有效射程、战斗射速、枪口动能和散布圆半径的能力值;w_r、w_f、w_e 和 w_d 分别表示霰弹枪上述各性能参数的权重,且 $w_r+w_f+w_e+w_d=1$。

在进行霰弹枪作战能力值的求解时,权重采用专家评估和模糊综合评判法来确定。各项指标的能力值采用直线型无量纲化模型,将各指标能力实际值转化成不受量纲影

响的相对评价值。

④生存能力 c_s。

由于霰弹枪的使用是由人进行操作的，所以，霰弹枪的生存能力主要是战士在使用过程中的各项操作技能。同理，可以采用加权求和的方法。其计算模型为

$$c_s = w_c \times c_c + w_{en} \times c_{en} + w_t \times c_t$$

式中，c_c、c_{en} 和 c_t 分别表示霰弹枪使用战士的人员情况、环境情况和训练情况；w_c、w_{en} 和 w_t 分别表示霰弹枪使用战士的各类情况权重，且 $w_c+w_{en}+w_t=1$。

6.2 分系统作战效能评估模型

6.2.1 弹与炮分系统

便携式地空导弹和高炮装备所担负的任务均是对距离相对较远的无人机蜂群进行直接打击，实现硬摧毁的作战效果。据此，可结合前文构建的作战效能指标体系，对作战效能进行评估。

鉴于各影响因素的综合性与模糊性，使得作战效能的分析无法完全采用定量的方法。因此，对该分系统的作战效能采用模糊综合评价具有一定的优势。

在对作战效能进行综合评价的过程中，涉及因素多，而且一个因素往往还具有多个层次。因此，采用多级模糊综合评价的方法，即先按最低层次的各个因素进行综合评价，然后一层一层依次往上进行评价，直到最顶层，从而得出评价的结果。

弹与炮分系统模糊综合评判法的计算方法分为以下几步。

(1)确定被评对象的指标集合 U。

在前面构建的指标体系中，该分系统的指标共 42 个能力指标需要评价，其中两个二级指标，8 个三级指标、32 个四级指标。

因此，指标集合为：$U=\{u_1, u_2, \cdots u_{42}\}$。

(2)确定权重集 W。

权重反映了各个因素在综合评价过程中所占有的地位或作用。在弹、炮子系统中，存在着这样几组权重。

①对目标集的权重。

对目标集的权重，指的是便携式导弹和高炮在作战效能中所占权重比例。用 W_1 表示，则 $W_1=(w_{bxsdd}, w_{gp})$，且 $w_{bxsdd}+w_{gp}=1$。

②各级指标下各因素相对的权重。

例如，便携式导弹直接的指标是 4 个。则这 4 个指标对于便携式导弹作战的权重集为：$W_{\text{bxsdd}}=(w_{\text{dsc}},w_{\text{dhs}},w_{\text{dts}},w_{\text{dgj}})$，且 $w_{\text{dsc}}+w_{\text{dhs}}+w_{\text{dts}}+w_{\text{dgj}}=1$

同理，高炮直接的指标也是 4 个。相对于高炮，权重集为：$W_{\text{gp}}=(w_{\text{ptc}},w_{\text{phl}},w_{\text{psy}},w_{\text{pjd}})$。

对于便携式导弹的生存能力有 4 个指标，这 4 个指标对于生存能力的权重集为：$W_{\text{sc}}=(w_{\text{fh}},w_{\text{fzc}},w_{\text{tl}},w_{\text{sf}})$，且 $w_{\text{fh}}+w_{\text{fzc}}+w_{\text{tl}}+w_{\text{sf}}=1$。

对于其他指标均可求出各自权重。

③确定评语等级集合 V。

为了使评估等级更利于理解，将该分系统的评语等级分为 4 个层次，即优秀、良好、合格、差。为减少个人主观性影响，采用从不同领域（如院校、研究所、装备生产厂家等）多人打分，统计并归一化后得到最终评语集。

④创建单因素模糊评价矩阵 $\boldsymbol{R}_i$。

对各级每个因素进行单因素评判，创建单因素评价矩阵（也称为隶属度矩阵）：

$$R_i=\begin{bmatrix} r_{11}^{(i)} & r_{12}^{(i)} & \cdots & r_{1m}^{(i)} \\ r_{21}^{(i)} & r_{22}^{(i)} & \cdots & r_{2m}^{(i)} \\ \vdots & \vdots & & \vdots \\ r_{j1}^{(i)} & r_{j2}^{(i)} & \cdots & r_{jm}^{(i)} \end{bmatrix}$$

式中，r_{ij} 为各因素对应评语集 V 中等级 v_j 的隶属度。由于无现成的单因素隶属函数可借鉴，因此，本项目采用专家评判法确定。具体做法是：请 10 位专家对评价对象的内在因素进行评判，每一位专家对每一项因素只能在评语集中优秀、良好、合格、差选一，并在对应处打对勾，然后对所有数据进行统计和归一化处理，得到对应的隶属度。

⑤计算各级模糊评价向量 $\boldsymbol{B}$。

依次从最底层向目标层计算各级的模糊综合评判向量 $\boldsymbol{B}=\boldsymbol{W}\cdot\boldsymbol{R}$。最终可以得到该系统的最终评价得分。

6.2.2 干扰与拦截分系统

根据所研究的软杀伤装备，其电子干扰设备主要是某型固定式无人机定向/全向干扰设备，近距离的拦截装备主要由霰弹枪实现。因此，由某型固定式无人机定向/全向干扰设备和霰弹枪共同组成近距作战子系统。

同样可以采用模糊综合评价法对该子系统进行作战效能评估。其计算模型亦和弹、炮子系统类似。

先设评价指标集 U、评语集 V，并由 $R(u_i,v_j)=r_{ij}$ 表示指标 u_i 在评语集上的可能程度，并组成模糊矩阵 $\boldsymbol{R}$：

$$\boldsymbol{R}=\begin{pmatrix}R_1\\R_2\\\vdots\\R_n\end{pmatrix}=\begin{pmatrix}r_{11}&r_{12}&\cdots&r_{1m}\\r_{21}&r_{22}&\cdots&r_{2m}\\\vdots&\vdots&&\vdots\\r_{n1}&r_{n2}&\cdots&r_{nm}\end{pmatrix}$$

通过确定各因素的权重向量集 $\boldsymbol{A}$，最终得到模糊综合评价模型：

$$\boldsymbol{B}=\boldsymbol{A}\circ\boldsymbol{R}=(a_1\quad a_2\quad\cdots\quad a_n)\circ\begin{pmatrix}r_{11}&r_{12}&\cdots&r_{1m}\\r_{21}&r_{22}&\cdots&r_{2m}\\\vdots&\vdots&&\vdots\\r_{n1}&r_{n2}&\cdots&r_{nm}\end{pmatrix}$$

6.3　全系统作战效能评估模型

TOPSIS 法多用于作战评估系统中，它选取能够反映对目标构成威胁的原始战技参数作为评估指标，通过计算待选方案与正负理想解间的欧式距离来评价方案，得出的结果较为精确，评估结果容易使人信服。而且具有建模简单，计算速度快、可适应不同类型指标的优点，能够快速为决策者提供参考。

为此，本项目采用 TOPSIS 法对某合成旅反无人机蜂群的作战效能进行评估。主要步骤包括：

(1)计算反无人机蜂群系统作战效能评估指标权重；

(2)构建反无人机蜂群系统作战效能评估矩阵；

(3)归一化反无人机蜂群系统作战效能评估矩阵；

(4)确定反无人机蜂群系统作战效能评估正负理想解集合；

(5)计算反无人机蜂群系统到正负理想解距离；

(6)反无人机蜂群系统作战效能评估。

6.3.1　基于 FAHP 法的反无人机蜂群系统作战效能评估模型

FAHP 法将模糊数学理论和层次分析法相融合，与 AHP 法相比，FAHP 法优化了 AHP 法中一致性检验的问题，被广泛应用于军事装备评估领域分析研究。此法使评估过程尽可能简化，决策结果可信度增强，计算步骤如下：

(1)构建反无人机蜂群系统作战效能评估指标模糊互补判断矩阵。

$$A=\begin{bmatrix} a_{11} & a_{12} & \cdots & a_{1n} \\ a_{21} & a_{22} & \cdots & a_{2n} \\ \vdots & \vdots & & \vdots \\ a_{n1} & a_{n1} & \cdots & a_{nn} \end{bmatrix}$$

式中,a_{ij} 表示第 i 个指标相对于第 j 个指标的重要程度,其中,$1\leqslant i\leqslant n$,$1\leqslant j\leqslant n$,n 是指标个数。

(2)建立反无人机蜂群系统作战效能评估指标模糊一致性判断矩阵。

对模糊判断矩阵 A 中的数值进行一致性处理,令 a_{ij}^* 满足:

$$a_{ij}^*=\frac{\sum_{j=1}^{n}a_{ij}-\sum_{i=1}^{n}a_{ij}}{2n}+0.5$$

这样,可以得到反无人机蜂群系统的作战效能评估指标模糊一致性判断矩阵 A^*:

$$A^*=\begin{bmatrix} a_{11}^* & a_{12}^* & \cdots & a_{1n}^* \\ a_{21}^* & a_{22}^* & \cdots & a_{2n}^* \\ \vdots & \vdots & & \vdots \\ a_{n1}^* & a_{n2}^* & \cdots & a_{nn}^* \end{bmatrix}$$

(3)确定反无人机蜂群系统作战效能评估一致性判断矩阵权重:

$$W_i=\frac{1}{n}-\frac{1}{2a}+\frac{1}{na}\times\sum_{k=1}^{n}a_{ik}$$

式中,$a=\frac{n-1}{2}$;k 任意常数。

FAHP 法计算指标权重需获得反无人机蜂群系统作战效能评估指标模糊互补判断矩阵。

6.3.2 基于 TOPSIS 法的反无人机蜂群系统作战效能评估模型

基于 TOPSIS 法的反无人机蜂群系统作战效能评估模型构建步骤如下。

(1)构建反无人机蜂群系统作战效能评估矩阵。

$$X=\begin{matrix} I_1 \\ I_2 \\ \cdots \\ I_n \end{matrix}\begin{bmatrix} x_{11} & x_{12} & \cdots & x_{1m} \\ x_{21} & x_{22} & \cdots & x_{2m} \\ \vdots & \vdots & & \vdots \\ x_{n1} & x_{n2} & \cdots & x_{nm} \end{bmatrix}$$

式中，$I_1, I_2, \cdots, I_n$ 表示 n 个指标；x_{ji} 表示第 j 个指标 I_j 在第 i 个评估对象 S_i 中对应的指标值。

(2)归一化反无人机蜂群系统作战效能评估矩阵：

①对指标归一化。

$$\boldsymbol{X}' = \begin{matrix} I_1 \\ I_2 \\ \cdots \\ I_n \end{matrix}\begin{bmatrix} x'_{11} & x'_{12} & \cdots & x'_{1m} \\ x'_{21} & x'_{22} & \cdots & x'_{2m} \\ \vdots & \vdots & & \vdots \\ x'_{n1} & x'_{n2} & \cdots & x'_{nm} \end{bmatrix}$$

式中，x'_{ji} 表示第 j 个指标 I_j 在第 i 个评估对象 S_i 中对应的归一化指标值。

②归一化加权指标矩阵

$$V = \mathrm{diag}(W) \times X' = \begin{bmatrix} w_1 & 0 & \cdots & 0 \\ 0 & w_2 & \cdots & 0 \\ \vdots & \vdots & & \vdots \\ 0 & 0 & \cdots & w_n \end{bmatrix}\begin{bmatrix} x'_{11} & x'_{12} & \cdots & x'_{1m} \\ x'_{21} & x'_{22} & \cdots & x'_{2m} \\ \vdots & \vdots & & \vdots \\ x'_{n1} & x'_{n2} & \cdots & x'_{nm} \end{bmatrix} = \begin{bmatrix} v_{11} & v_{12} & \cdots & v_{1m} \\ v_{21} & v_{22} & \cdots & v_{2m} \\ \vdots & \vdots & & \vdots \\ v_{n1} & v_{n2} & \cdots & v_{nm} \end{bmatrix}$$

式中，v_{ji} 表示第 j 个 I_j 在第 i 个评估对象 S_i 指标的归一化加权指标值。

③确定反无人机蜂群系统作战效能评估正负理想解集合。

正理想解集合：

$$v_j^* = \max\{v_{ji}\}_{i=1}^{m}$$

负理想解集合：

$$v_j^* = \min\{v_{ji}\}_{i=1}^{m}$$

④计算反无人机蜂群系统到正负理想解距离。

令第 i 个评估对象 S_i 到正理想解的距离为 $d(s_i, \mathrm{IS})$，到负理想解的距离为 $d(s_i, \mathrm{AIS})$，则：

$$d(s_i, \mathrm{IS}) = \sqrt{\sum_{j=1}^{n} (v_{ij} - v_j^+)^2}$$

$$d(s_i, \mathrm{AIS}) = \sqrt{\sum_{j=1}^{n} (v_{ij} - v_j^-)^2}$$

⑤计算贴近度

$$f_i = \frac{d(s_i, \mathrm{AIS})}{d(s_i, \mathrm{AIS}) + d(s_i, \mathrm{IS})}$$

f_i 越大，说明作战效能越高。

第7章　作战仿真试验系统开发与评估

对抗无人机蜂群作战仿真与效能评估系统通过战术与技术相融合的方式,实现了对抗无人机蜂群作战的仿真与效能评估。系统通过构建武器装备模型、典型合成部队的编组和部署方案及作战仿真等模块,为作战指挥、装备配置和火力运用提供科学依据和支撑。

7.1　任务目标

对抗无人机蜂群作战的仿真与效能评估系统,要深度融合战术策略与前沿技术,以应对日益复杂的无人机蜂群威胁。通过先进的建模技术和高度仿真的试验环境,系统能够精准构建关键防空装备的仿真模型,并实现对无人机蜂群的协同打击的作战仿真。构建科学的效能模型与综合评估指标体系,以全面评估从武器系统性能到战场环境影响的多维度因素。系统将为作战指挥、装备配置和火力运用提供科学依据和支撑,进一步提升对抗无人机蜂群的作战效能。

7.2　模块分析

根据系统需求,划分主要任务为数据管理模块、编制编成管理模块、兵力部署模块、作战仿真模块和效能评估模块等,系统任务划分如图7-1所示。

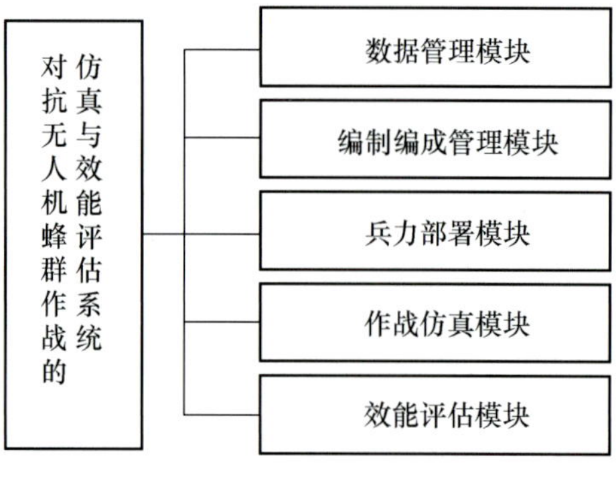

图7-1　系统任务划分

7.2.1　数据管理模块

数据管理模块主要包含想定数据管理与装备基础数据管理,如图 7-2 所示。

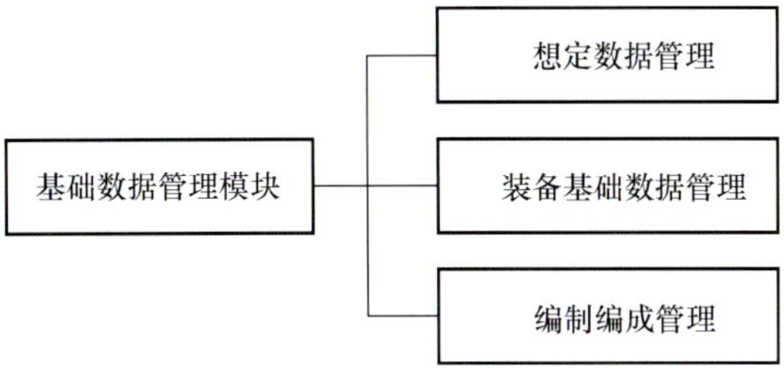

图 7-2　数据管理模块功能需求

(1)想定数据管理模块。

想定数据管理模块主要包括想定数据信息录入、存储、编辑功能。作战想定是军事领域中用于规划和模拟作战行动的一种重要工具。它是对未来作战环境、敌我态势、作战任务、作战目的,以及可能的作战行动和结果的预先设想和描述。作战想定包含以下几个关键要素:

①作战背景。

作战背景描述作战发生的时间、地点和背景环境,包括地理、政治、经济等因素。设定敌我双方的基本情况和实力对比,包括兵力部署、武器装备、战斗力水平等。

②作战任务。

作战任务明确作战的具体目标和任务,如夺取战略要地、摧毁对手重要设施、打击对手有生力量等。阐述作战行动的优先级和顺序,以及各个任务之间的逻辑关系。设想和描述作战过程中可能采取的军事行动,包括兵力调动、火力打击和战术运用等。

③天候与地形条件。

设定作战时的天候条件,如晴天、雨天和雪天等,以及这些条件对作战行动的影响。描述作战地形,包括地貌、植被、水系等特征,以及这些特征对作战行动的限制和有利条件。想定数据管理模块是作战仿真系统的基础,它赋予用户全方位定制与调整红方作战计划的能力。在此模块中,用户可以借助地图选择组件,用户可选择多个作战地域,确保作战场景符合多种研训需求。所有作战模式、场景地图及天候条件的设定,均应支持一键保存。

(2)装备基础数据管理模块。

装备基础数据管理模块涉及的功能要求包括新增、删除红蓝双方武器装备及其性能指标参数;展示、修改、保存红蓝双方武器装备的性能指标参数;为增加用户使用便捷性,可以按照现有模板添加新的装备功能;系统采用模块化管理,不同装备数据信息独立管理,互不影响;系统具有良好的兼容性与开放性,能够提供标准数据接口。

(3)编制编成管理功能模块。

该模块主要包括红方编成、蓝方编成两个管理模块,如图 7-3 所示。红方编组实现红方合成部队作战力量的设置,添加现有红方装备并设置其数量,该模块可自由定制编制、编成名称与配备的火器数量;蓝方编组实现无人机编队作战力量的编成,添加各类无人机并设置其数量。

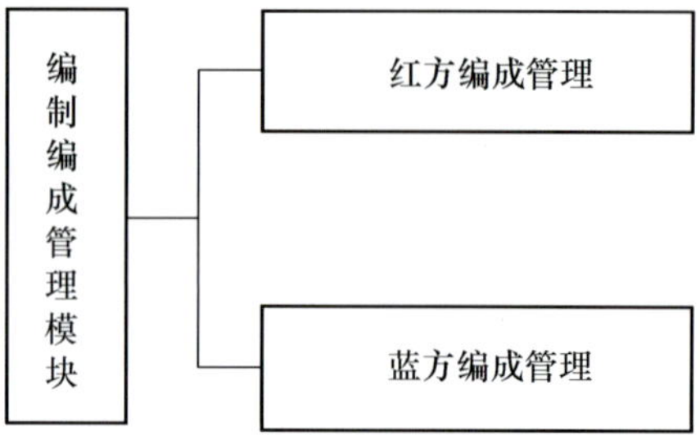

图 7-3　编制编成管理模块需求

7.2.2　兵力部署模块

兵力部署模块是基于 CGF(计算机生成兵力)作战仿真的重要步骤之一。在系统中分为红方兵力部署与蓝方兵力部署两部分进行分别描述,如图 7-4 所示。

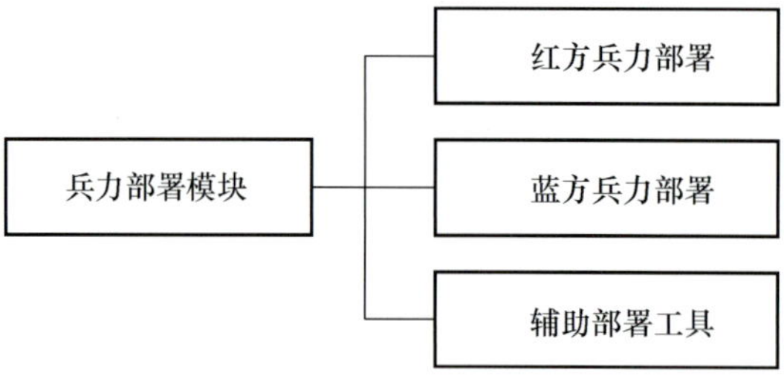

图 7-4　兵力部署模块需求

(1)红方兵力部署模块。

红方兵力部署模块是专为红方合成部队设计的兵力配置与武器装备定位功能。部署的作战单元为在编成中编成的单位。支持通过多种方式确定部署位置,包括图上地理坐标输入方式部署、地理坐标范围选择及直观的鼠标点击定位,旨在实现精确、高效的兵力与装备部署规划。同时，系统充分考虑地形因素，确保所有部署位置均位于较为平坦的陆地区域，以保障部队的行动能力与作战效能。

(2)蓝方兵力部署模块。

蓝方兵力部署模块专注于规划蓝方各无人机编组的入场时间及飞行轨迹。系统支持通过大地坐标、地理坐标和鼠标点击3种方式来确定飞行轨迹的节点位置，确保无人机编组能够按照预定的路线执行任务。同时，系统充分考虑地形和无人机性能因素，确保所选位置的高程不超过编组的飞行高度，且整个轨迹长度不超过编组的航程，从而保障无人机编组的安全与任务执行效率。

(3)兵力部署辅助工具模块。

兵力部署辅助工具，旨在帮助指挥员、参谋人员或参训者高效、准确地规划红蓝双方的兵力部署。该功能不仅支持无人机编组的入场时间和飞行轨迹规划，还集成了通视判断工具、距离量算工具，辅助作战人员进行作战单元的部署，确保作战单元在作战仿真时能够更贴近真实作战场景。

7.2.3　作战仿真模块

作战仿真系统提供了一套全面的作战仿真与态势显示工具，旨在模拟真实战场环境下的对抗情况，并支持多样化的分析与观察手段，能够实时将仿真数据同步到数据库中。图7-5作战仿真模块需求。

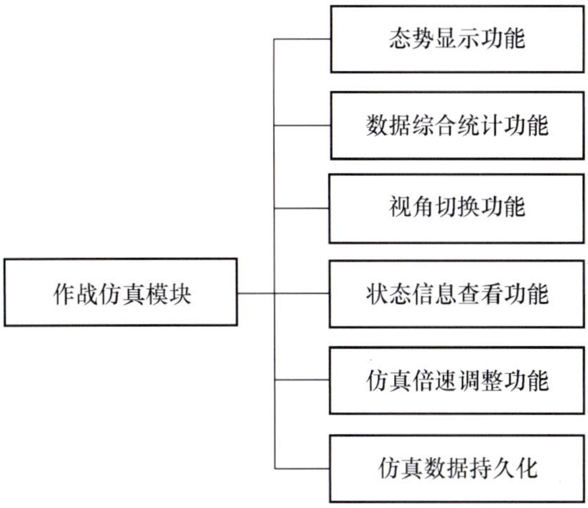

图7-5　作战仿真模块需求

(1)态势显示功能。

①作战力量实体化。系统能够准确地将红蓝双方已部署的作战力量以实体化的形

式展示在场景地图上,包括无人机装备等。

②场景地图展示。系统支持场景地图的实时展示,包括地形、地貌、建筑物等环境因素,为用户提供直观的战场视角。

③坐标转换与定位。系统支持无人机飞行路径和合成部队装备部署坐标的输入,这些坐标可以是高斯投影坐标或地理坐标。系统能够将这些坐标转换为实时开发平台(Unity)中的世界直角坐标系,确保装备实体模型在三维场景中的准确位置显示。

(2)数据综合统计功能。

①仿真对抗与记录。系统能够模拟双方武器装备按照各自的目标选择算法进行攻击的过程,实时记录作战事件,包括武器的发射、命中、毁伤情况等。

②毁伤与战损统计。系统能够统计各武器装备的毁伤和战损数据,并以滚动展示的方式实时呈现给用户。

③视角切换与展示。系统支持二维和三维视角的自由切换,用户可以根据需要选择最适合的观察方式,全面观察实时态势和装备战斗细节。

(3)视角切换功能。

①蓝方视角切换。在蓝方视角下,系统支持第一人称跟随视角在所有无人机之间切换,为用户提供沉浸式的战场体验。

②红方装备视角切换。在仿真作战界面,用户可以通过点击红方装备数量显示选项,在不同装备之间切换观察视角。此外,用户还可以以第一人称视角在场景中自由移动,更全面地了解战场情况。

(4)状态信息查看功能。

装备属性参数显示。在三维视角下,用户可以通过点击装备来查看其当前的各项属性参数,包括但不限于生命值、攻击力、防御力等。

(5)仿真倍速调整功能。

仿真倍速调整。系统支持仿真倍速的设置,用户可以根据需要选择低倍速或高倍速进行实时调整,以便更好地观察和分析作战过程。

(6)数据持久化功能。

全过程数据采集。系统能够采集仿真全过程中的所有数据,包括作战事件、武器装备状态、战损情况等,为后续的分析和评估提供可靠依据。

人为干涉。系统支持人为干涉,用户可以在仿真过程中根据需要手动调整作战策略、改变目标选择等。

预设条件退出。除了人为干涉外,系统还支持预设条件退出作战仿真方式。当满足预设条件时,仿真将自动结束。

7.2.4　效能评估模块

效能评估模块分为仿真作战数据展示和效能评估两大部分，系统自动保存历次仿真作战的相关数据，系统把所采集的数据进行归一化处理后作为效能评估的数据支持。效能评估分为综合评估和单方装备评估，分别实现红蓝双方各自的作战效能评估。整个效能评估过程便捷，自动化程度高，数据直观。

(1)仿真对抗记录。

系统可以保存一次仿真作战的作战时间、作战时长、参战数量、毁伤数量、战损、费效等数据，对单种装备相关作战数据的采集与展示。

(2)综合评估。

综合评估通过 AHP 法对红蓝双方的作战效能进行整体性评价。

①蓝方无人机编队作战效能评估。

根据 AHP 法的分析原则，建立如图 7-6 所示的无人机编队作战效能体系。

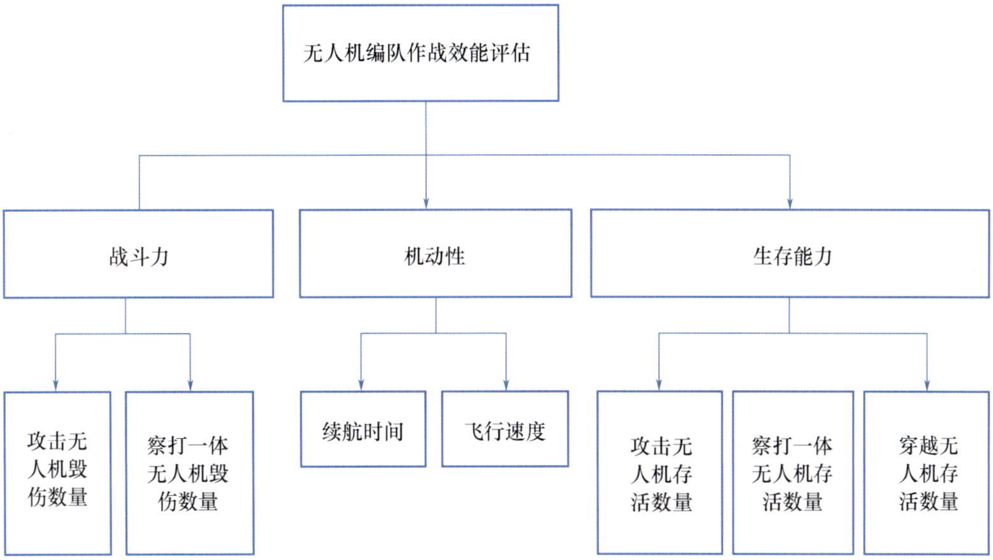

图 7-6　无人机编队作战效能体系

②红方装备作战效能评估。

红方装备作战效能评估采用如图 7-7 所示的红方装备作战效能体系。

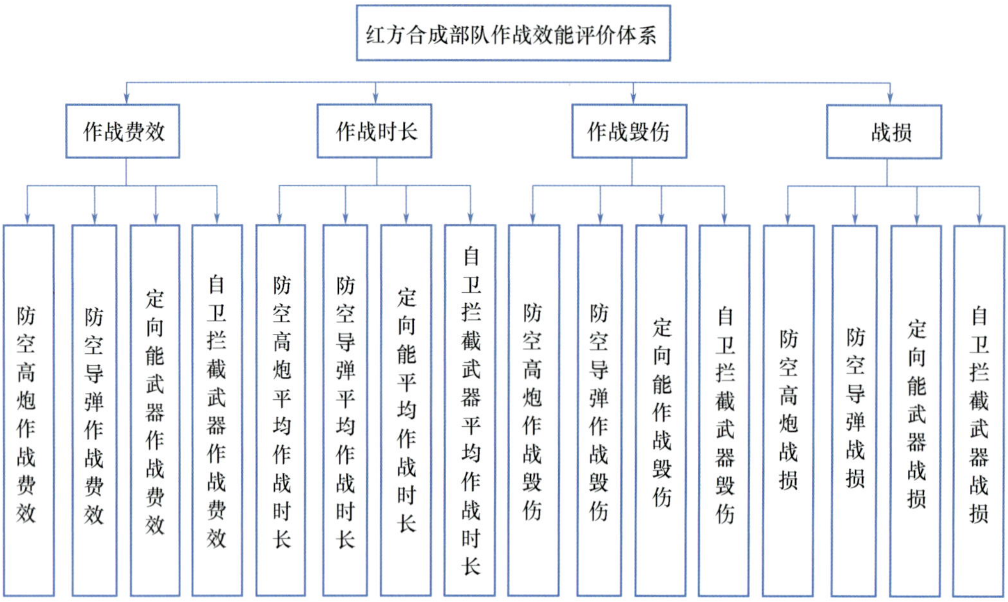

图 7-7　红方装备作战效能体系

7.3　系统架构

7.3.1　仿真过程

系统的仿真过程如图 7-8 所示。

用户进入系统后首先进行基础数据的维护,包括装备数据、想定数据等,然后根据想定进行作业,完成部队的编制编成设定,按照所下决心,进行部队的图上部署,部署完成进行仿真时,系统会自动按照想定构建战场环境,按照部署位置进行仿真对抗,此过程为人不在环方式模拟仿真,最后以仿真结果数据为依据进行效能评估。

7.3.2　系统架构

系统使用 C/S(客户端/服务端)架构,后台主要使用 C#进行接口的实现;系统分为 4 层处理业务,如图 7-9 所示。

表现层直观地给使用者反馈视觉体验,是用户能感受到系统的第一体验,程序的设计是否合适可以直观地体现。

业务逻辑层(应用层)是表现层的分类体验,根据业务需求抽象出不同的模块,使客户需求能直观的转化为程序的设计直接展现给用户,结合业务需求形成业务闭环。

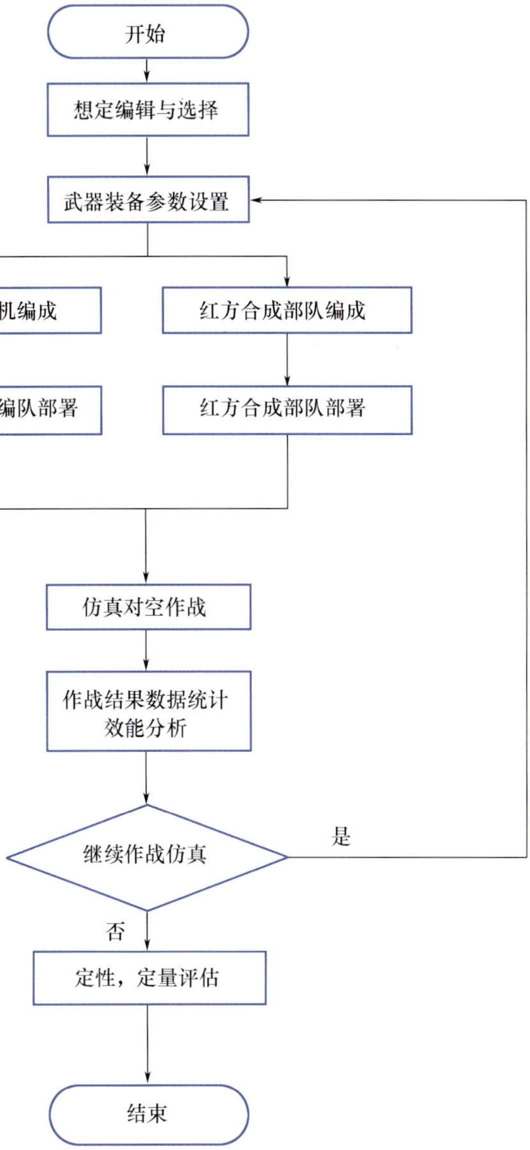

图 7-8 系统仿真过程

服务层是为供应用层提供现实数据，是整体设计最重要的部分，程序设计是否合理直接影响应用层的使用体验。服务层使用主流、稳定、安全的架构设计，为程序的健壮运行保驾护航。

数据层是根据用户的需求，经过大量反复验证，设计不冗余、效率高，进行业务数据的存储，数据进行多次加密保证用户的数据安全可靠。

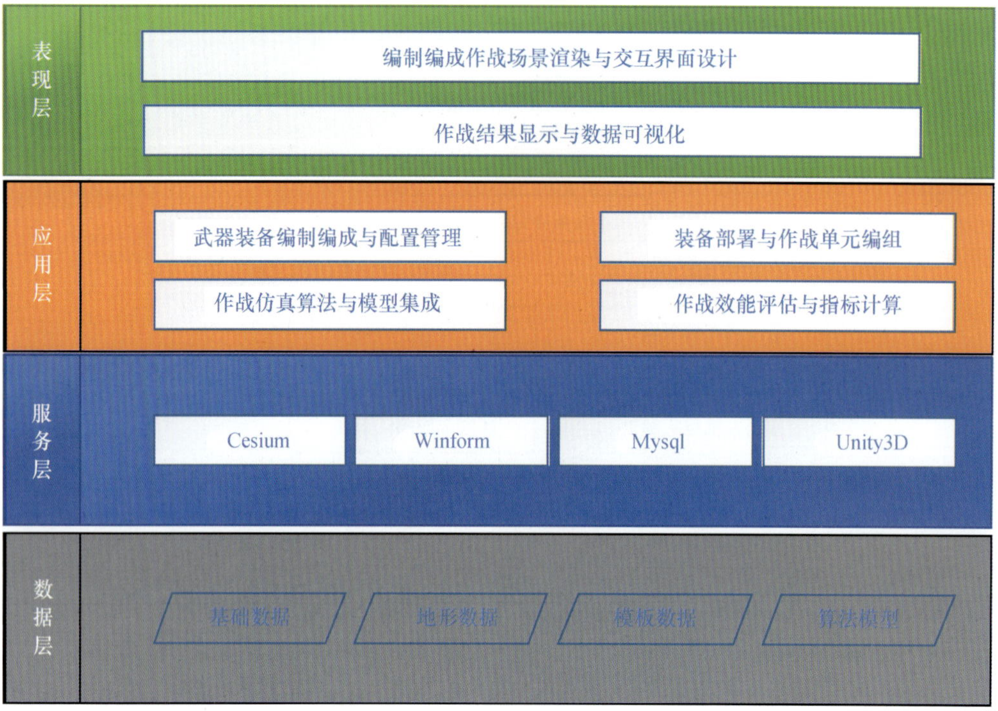

图 7-9　系统架构图

7.4　开发工具

本系统采用 C#作为编程语言,采用 Unity3D 作为游戏引擎进行开发。Unity3D 以其强大的 3D 渲染能力、物理引擎和脚本系统,非常适合用于构建复杂的作战仿真场景。C#则提供了高效、灵活且易于维护的编程环境,能够满足系统对性能和可扩展性的要求。

7.4.1　软件开发语言

C#是微软公司发布的一种由 C 和 C++衍生出来的面向对象的编程语言,运行于.NET Framework 和.NET Core(完全开源,跨平台)之上的高级程序设计语言。C#综合了 VB 简单的可视化操作和 C++的高运行效率,以其强大的操作能力、优雅的语法风格、创新的语言特性和便捷的面向组件编程的支持成为.NET 开发的首选语言。

C#广泛应用于.NET 平台的应用程序开发,包括 Windows 桌面应用程序、Web 应用程序、移动应用程序及游戏开发等。此外,C#还可用于开发各种基于.NET 的库和框架,为开发者提供丰富的工具和服务。

7.4.2　三维仿真场景开发语言

Unity3D(也简称U3D)是由Unity Technologies公司开发的一款跨平台的实时3D互动内容创作软件。它让开发者能够快速高效地创建出高质量的3D仿真和互动体验,成为三维仿真行业的首选工具之一。Unity3D广泛应用于建筑可视化、实时三维动画、虚拟现实等多个领域。

Unity3D内置了Nvidia PhysX物理引擎,能够提供逼真的物理效果,如碰撞、重力等,使得应用程序中的物体可以按照现实世界的规则进行互动。

Unity3D支持C#、JavaScript和Boo等编程语言,其中C#和JavaScript是在游戏开发中最常用的脚本语言。Unity3D还提供了丰富的组件系统,让开发者可以通过拖拽的方式来添加各种功能。

7.4.3　数据库及数据维护工具

MySQL是一个关系型数据库管理系统,由瑞典MySQL AB公司开发,属于Oracle旗下产品。MySQL是最流行的关系型数据库管理系统之一,在WEB应用方面,MySQL是最好的RDBMS(relational database management system,关系数据库管理系统)应用软件之一。

MySQL是一种关系型数据库管理系统,关系数据库将数据保存在不同的表中,而不是将所有数据放在一个大仓库内,这样就增加了速度并提高了灵活性。

MySQL所使用的SQL语言是用于访问数据库的最常用标准化语言。MySQL软件采用了双授权政策,分为社区版和商业版,由于其体积小、速度快、总体具有成本低的优势,尤其是开放源码这一特点,一般中小型和大型网站的开发都选择MySQL作为网站数据库。

7.4.4　三维模型构建工具

在开发过程中分别使用3d Max与Maya两种建模软件对武器装备及地形场景进行建模和修改。

3D Studio Max(常简称为3d Max或3ds MAX)是一款基于PC系统的3D建模渲染和制作软件。3D Studio Max被广泛应用于广告、影视、工业设计、建筑设计、三维动画、多媒体制作、游戏及工程可视化等领域。具体来说,它可用于三维建模(创建和编辑三维模型,包括建筑、机械、汽车、家具等物体);动画制作(制作场景、角色、物体等的动画,支持骨骼动画、粒子、动力学等特效);渲染(为生成的三维模型渲染出逼真的图像或动画，提供高质量渲染引擎，支持渲染参数调整和特殊效果渲染）；视觉效果（添加各种视觉效果，如光影、镜头效果等，提高画面质量和真实感），地形渲染效果如图 7-10 所示。

图 7-10　地形渲染效果

3D Studio Max 提供了强大的多边形建模工具，能够创建复杂的三维物体，包括硬表面建模（如机械零件、建筑结构）和有机建模（如人物、动物）。通过细分曲面技术，用户可以创建平滑的曲面模型，常用于人物和动物的建模。支持 NURBS 建模，适合创建流线型的曲面或复杂的有机形状。具有强大的骨骼系统，允许用户为角色绑定骨架，制作复杂的角色动画。支持关键帧动画、路径动画、层次动画等，可以轻松控制对象的移动、旋转和缩放等属性。包括粒子效果、布料模拟、刚体/柔体动力学等，使动画场景更具真实性和动感。支持多种渲染引擎，如 V-Ray、Corona、D5、Arnold 等，可以生成逼真的渲染效果，包括全局光照、阴影、反射、折射等。

Maya 是 Autodesk 公司出品的一款世界顶级的三维动画软件，它集成了早期的 Alias、Wavefront 公司的先进动画及数字效果技术。Maya 不仅功能强大，而且工作灵活，易学易用，制作效率极高，渲染真实感极强，是电影级别的高端制作软件。Maya 在使用过程中具有以下特点。①强大的建模能力。Maya 提供了多种建模工具和技术，包括多边形建模、NURBS 建模、细分曲面建模等，能够创建出复杂且精细的三维模型。②丰富的动画功能。Maya 的动画系统非常强大，支持关键帧动画、路径动画、表达式动画、粒子动画等多种动画类型。此外，Maya 还提供了骨骼系统、肌肉系统、蒙皮技术等，可以制作出逼真的人物、动物等角色的动画效果。③高质量的渲染引擎。Maya 内置了高质量的渲染引擎，如 Arnold 渲染器，能够生成逼真的光影效果、材质效果和反射效果等。同时，Maya 还支持多种渲染插件，如 V-Ray、Mental Ray 等，进一步扩展了其渲染能力。④强大的插件系统。Maya 的插件系统非常强大，用户可以根据自己的需求安装和使用各种插件，以实现更多的特效和功能。这些插件涵盖了建模、动画、渲染、特效等多个方面，极大地丰富了 Maya 的功能。⑤易用性。Maya 的用户界面设计合理，操作简便，易于上手，界面分布如图 7-11 所示。

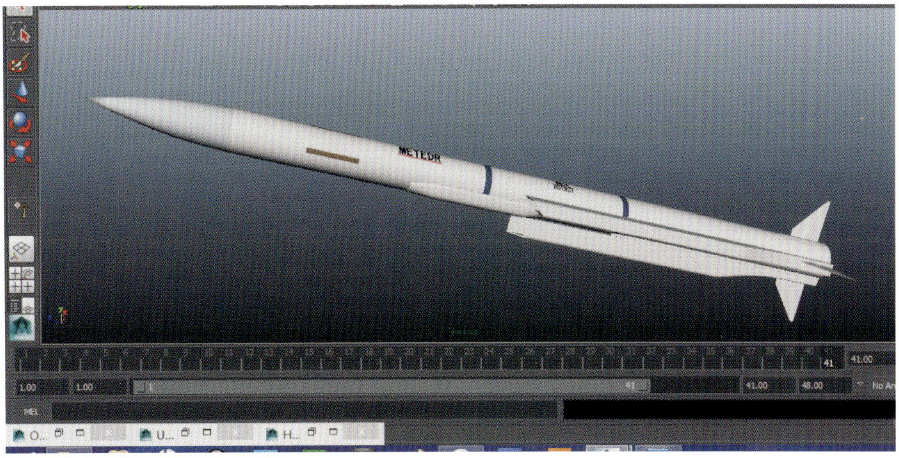

图 7-11　Maya 界面图

7.5　关键技术

7.5.1　地图数据生成技术

(1)二维瓦片地图。

使用互联网地图时，我们看到的是一张铺满整个屏幕的大的地图图片。实际上，这张大的图片是多个尺寸相同(通常是 256×256 像素)的小图片按照既定规则无缝拼接而成的，这些小图片就是瓦片。瓦片按照如图 7-12 所示的金字塔结构组织，每张瓦片都可通过级别、行列号进行唯一标记。在平移地图、缩放地图时，浏览器根据金字塔规则，计算出所需的瓦片，从瓦片服务器获取并拼接。由于瓦片是静态的图片，可预先生成，通过缓存和 CDN 技术，瓦片服务器可提供高效的瓦片读取服务。此外，浏览器并行获取和显示多张小图片，比获取和显示一张大图片要高效的多。

(2)二维地图数据生成。

瓦片地图下载使用 map-download 软件，打开软件后选择高德地图，确定下载区域，点击软件界面下载按钮，出现瓦片地图下载弹框，选择图片格式、命名风格和地图层级。

(3)三维地形生成。

在 Unity 中使用 WorldComposer 插件从 Bing Maps 获取高程数据和贴图数据，以生成真实比例的三维地形场景。

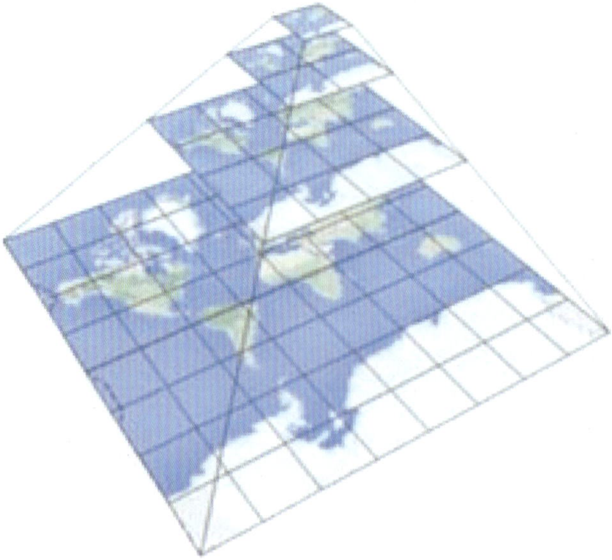

图 7-12　金字塔结构示意图

7.5.2　装备三维建模技术

运用战场三维仿真系统取代传统的平面电子地图和实物沙盘，既能从宏观上进行战略战役态势分析，也能够进行单个武器装备实体的微观态势模拟，提高了战场态势的感知和可视化能力。

(1)技术难点。

三维仿真是以矢量数据为依据生成空间三维几何实体，对于不同的视点高度、观察角度和不同的时空范围，三维战场态势中的各类实体对象需要实现连续、无缝的自适应平滑过渡和逼真形象的可视化展示。本书通过研究多分辨率实体三维建模技术，构建各类作战实体模型库，并在战场态势中解决战场地形、地面装备等作战实体的多分辨率匹配等关键技术问题，建立融入作战实体的高度集成、多层次、高分辨粒度的三维仿真系统，实现各个实体之间互连、互通、互操作，可以为态势显示、实体行动特性分析等提供科学可视、直观形象的手段，具有重要的意义和实用价值。

(2)实现方法。

武器装备等实体三维模型库的建立已成为战场态势三维仿真的重要内容。在作战仿真建模中，必须对武器装备实体采用高精度单元组件化和存储标准化方式进行三维建模。武器装备实体模型部件模型是实现重构模型的高效组织和准确描述的依据，结合装备设计的具体部件结构尺寸，采用三维建模工具软件，如 Maya、3d Max、AutoCAD 等成熟的三维造型建模工具软件,统一模型部件的坐标系,逐个建立关键部件模型。结合空间逻辑描述,将各层次部件模型加以准确连接,形成整体装备实体三维模型文件。

7.5.3 通视算法

在作战模拟中,三维场景通视算法可以用于判断不同位置之间的通视情况。这包括判断观察点与目标点之间是否存在障碍物,以及障碍物的位置和形状对通视性的影响。通过模拟不同作战场景下的通视情况,作战人员可以更加直观地了解战场环境,从而制订出更加合理的战术方案。

在战场态势感知中,三维场景通视算法可以实现对战场环境的实时更新和动态模拟。通过不断接收来自战场的数据和信息,算法可以实时更新战场中的障碍物位置、形状和高度等信息,最新的战场态势的刷新与火力交战计算真实有效。

由于本软件红蓝双方作战单元数量较多,作战地域非常大,而通视算法又贯穿作战单元的部署及所有交火的计算,作战步长可能基于毫秒级,对通视算法的实时性较高,因此传统的通视算法很难满足需求,在软件中对传统算法进行优化,引入了 GPU 参与运算。

基于 CUDA 框架的三维场景通视算法是一种利用英伟达的 CUDA(compute unified device architecture)技术进行并行计算,以加速三维场景中通视性判断的方法。以下是对该算法的详细介绍。

(1)CUDA 框架简介。

CUDA 是英伟达推出的一种并行计算平台和编程模型,它允许开发者使用英伟达的 GPU 进行通用计算。CUDA 提供了丰富的库函数和 API,使得开发者能够轻松地编写出高效并行计算程序。

(2)基于 CUDA 的三维场景通视算法原理。

在三维场景中,通视性判断通常涉及大量的几何计算和空间分析。基于 CUDA 的三维场景通视算法利用 GPU 的多核并行计算能力,将复杂的计算任务分解为多个并行执行的子任务,从而显著提高计算效率。

(3)算法实现步骤。

①数据准备与加载。

获取三维场景数据,包括地形、植被等。

将数据转换为适合 GPU 处理的数据格式,并加载到内存中。

②观察点与目标点设置。

在三维场景中明确指定观察点和目标点的位置。

计算观察点和目标点之间的视线向量。

③障碍物数据准备。

提取场景中的障碍物数据,包括位置、形状、高度等信息。

将障碍物数据转换为适合 GPU 处理的数据格式。

④CUDA 并行计算。

利用 CUDA 的并行计算能力,将通视性判断任务分解为多个并行执行的子任务。

在 GPU 上执行并行计算,遍历障碍物并检查它们是否与视线向量相交。

⑤结果判断与输出。

根据相交检测结果,判断观察点和目标点之间是否通视。

将通视性判断结果输出给主程序。

具体来说,该算法首先将三维场景数据(如地形、建筑物、植被等)加载到内存中,并转换为适合 GPU 处理的数据格式。然后,算法根据观察点和目标点的坐标,计算它们之间的视线向量。接下来,算法利用 CUDA 的并行计算能力,遍历场景中的障碍物,并检查它们是否与视线向量相交。最后,根据相交检测结果,判断观察点和目标点之间是否通视。

(4)算法几何计算。

视线向量(line of sight vector, LOS)是从观察点指向目标点的向量。假设观察点的坐标为(x_1, y_1, z_1),目标点的坐标为(x_2, y_2, z_2),则视线向量的计算公式为

$$\text{LOS} = x_2 - x_1, y_2 - y_1, z_2 - z_1)$$

(5)点与平面距离计算。

在三维场景中,计算点到平面的距离,假设平面的法向量为(a, b, c),平面上一点的坐标为(x_0, y_0, z_0),待求点到平面的距离为d,待求点的坐标为(x, y, z),则有

$$d = \frac{|a(x - x_0) + b(y - y_0) + c(z - z_0)|}{\sqrt{a^2 + b^2 + c^2}}$$

相交检测。在通视性判断中,需要检测障碍物是否与视线向量相交。通常涉及几何体的相交测试,如线段与三角形、线段与平面等。

(6)算法优化与注意事项。

①数据预处理。对三维场景数据进行预处理,如简化地形数据、合并障碍物等,以减少计算量。

使用合适的数据结构和算法来加速数据的访问和处理。

②并行计算优化。充分利用 GPU 的多核并行计算能力,合理分配计算任务。

使用 CUDA 提供的优化库函数和 API,提高计算效率。

③内存管理。合理管理 GPU 内存,避免内存泄漏和重复申请。

使用高效的内存访问模式,减少内存带宽瓶颈。

④精度与速度的权衡。根据具体需求来权衡算法的精度和速度。在保证精度的基础上,尽量提高算法的计算速度。

⑤实时性要求。如果需要实时进行通视性判断,需要优化算法以满足实时性要求。可以使用 GPU 的异步计算能力,实现计算与渲染的并行处理。

7.5.4　毁伤算法

(1)高炮(面杀伤火器)毁伤算法。

高炮反无人机可采用预制破片弹,在无人机前形成大量弹幕,提升对小目标的命中概率。根据无人机目标不同部位的易损性不同,可分为 M 个部位,命中第 i 个部位的子弹数目为

$$N_i = \iint_{\varphi_i} \rho(x_1, x_2)\,\mathrm{d}x_1\mathrm{d}x_2 = \iint_{\varphi_i} \frac{n\mathrm{NP}_1(x_1, x_2)}{\pi r_{\mathrm{SD}}^2}\mathrm{d}x_1\mathrm{d}x_2$$

式中,ψ_i 为空袭目标的第 i 个部位在交会面上的投影。一门火炮点射 n 发预制破片弹时的毁伤概率为

$$\mathrm{G}_i(x_1, x_2) = 1 - \mathrm{e}^{-\frac{N_i}{N_{ci}}}$$

式中,N_i 为 n 发预制破片弹射击后命中第 i 个部位的子弹数目,N_{ci} 为通过毁伤第 i 个部位进而达到毁伤目标所需要的子弹数,其与目标的易损性相关。假设武器系统的射击精度误差,以及目标位置的偏差等因素服从正态分布,则交汇面的破片分布密度函数可以表示为

$$\varphi(x_1, x_2) = \frac{1}{2\pi\sigma_1\sigma_2}\exp(-\frac{x_1^2}{2\sigma_1^2} - \frac{x_2^2}{2\sigma_2^2})$$

则空袭目标第 i 个部位的平均毁伤概率为

$$p_i = \int_{-\infty}^{+\infty}\int_{-\infty}^{+\infty} \varphi(x_1, x_2)G(x_1, x_2)\,\mathrm{d}x_1\mathrm{d}x_2$$

根据各个舱段的毁伤,可得一门火炮点射 n 发预制破片弹对整个目标的毁伤概率为

$$p = 1 - \prod_{i=1}^{M} 1 - p_i$$

根据所采用的高炮武器的系统误差,随机误差等指标,结合目标无人机的尺寸大小和飞行参数,则可以计算出不同斜距下,高炮对目标的毁伤概率曲线。

(2)防空导弹毁伤算法。

蒙特卡罗法是一种基于概率统计的模拟方法,适用于处理具有随机性和不确定性的复杂问题。导弹的发射、飞行和命中过程受到多种随机因素的影响,包括初始参数(如速度、角度、质量等)的随机性、目标的机动性、环境干扰等。

①建立数学模型。对于第 i 种导弹,其命中目标区域 $V(x_1,x_2)$ 的概率 $P_ix_1x_2$ 可以通过积分计算得到,积分区域为目标区域,被积函数为导弹命中点误差的概率密度函数与目标区域的重叠部分。

一次射击中 m 枚导弹至少一发导弹击中目标区域 $V(x_1,x_2)$ 的概率 $Q(x_1,x_2)$ 可以通过以下公式计算:

$$Q(x_1,x_2) = 1 - \prod_{i-1}^{m}[1 - P_ix_1x_2]^n$$

导弹对目标的毁伤概率 R 可以通过对 $Q(x_1,x_2)$ 进行积分得到,积分区域为整个目标区域,被积函数为 $Q(x_1,x_2)$ 与目标区域的总误差概率密度函数的乘积。即

$$R = \int_{-\infty}^{+\infty}\int_{-\infty}^{+\infty} Q(x_1,x_2)G(x_1,x_2)\mathrm{d}x_1\mathrm{d}x_2$$

式中,$G(x_1,x_2)$ 表示击中目标区域 $V(x_1,x_2)$ 的总的误差概率密度函数。

模型中应包括武器的射击精度、弹药的威力分布、目标的防护能力等随机因素。

②生成随机数。利用随机数生成器产生大量随机数,用于模拟武器的射击过程和目标的状态变化。

③模拟射击。根据随机数模拟武器的射击过程,包括弹药的发射、飞行轨迹、命中位置等。

④统计结果。对模拟结果进行统计分析,得到武器对目标的毁伤概率和毁伤程度。蒙特卡罗法能够处理复杂多变的战场环境和多目标攻击情况,但计算量大,需要较长的计算时间。

(3)定向能武器毁伤算法。

微波武器以大功率微波脉冲能量照射指定区域内的无人机,通过前门或后门耦合毁伤被照射目标的电子系统。前门耦合是通过无人机的天线进入电子系统内部,对用频设备的电子元件进行毁伤;后门耦合是微波能量从无人机壳体上的孔隙等对电子元件造成损伤。对于民用无人机,后门耦合微波毁伤更加严重,但对于军用无人机,后门耦合毁伤的效果取决于其电磁防护能力。如果主要考虑前门耦合毁伤,不同作用距离下的微波功率密度,可以用下式进行估算:

$$S = \frac{P_tG_t}{4\pi R^2}$$

式中，R 为作用距离；P_t 为发射功率；G_t 为发射增益。对于高功率微波前门耦合，设 G_r 为被攻击目标天线的增益，λ 为天线工作频率，则对应的波长耦合功率为

$$P_r=\frac{P_tG_tG_r\lambda^2}{(4\pi)^2R^2}$$

耦合功率与无人机的毁伤程度正相关，其量级与毁伤程度可以参考以往的实验结果，通过设定不同耦合功率量级下的毁伤概率，则可以得到作用距离与毁伤能力的概率曲线。

7.5.5 目标选择方法

目标选择算法主要模拟作战中我方对对手目标的选择过程。这些算法通常基于多属性决策原理，能够综合考虑多个因素，如目标价值、威胁程度、我方资源、多类武器协同等，以制订最优的目标选择策略。

目标选择算法的步骤包括：

(1)目标属性量化。将对手目标的属性进行量化，以便进行比较和综合评价。这些属性可能包括目标价值、威胁程度、我方资源消耗等。

(2)权重分配。根据不同属性对目标选择的影响程度，为其分配相应的权重。权重的分配可以通过专家经验、层次分析法等方法确定。

(3)评价函数设计。设计评价函数来评估不同目标的优劣。评价函数可以根据实际需求进行调整和优化。

(4)目标选择。根据评价函数和权重分配结果以及我方多武器协同策略，对对手目标进行排序和选择，制订最优的目标选择策略。

7.6 仿真案例

7.6.1 单类装备

(1)弹炮结合系统。

①仿真场景设置。

高原地区主要是气候环境会对弹炮结合系统性能产成影响，依据某弹炮结合防空武器系统的主要技术参数，设定射速、射程等关键指标，模拟不同天气状况下高炮系统对无人机蜂群的拦截，弹炮结合系统仿真场景设定界面如图 7-13 所示。

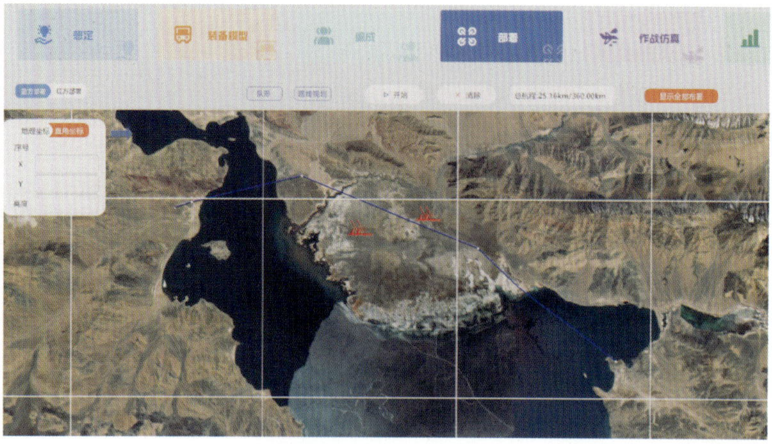

图 7-13　弹炮结合系统仿真场景设定界面

场景一：设定在高原地域，对手采用 X 架无人机呈简单方阵从单一方向侵入我方地区，我方在阵地布置弹炮结合系统 X 门，对来袭无人机进行拦截打击。天气状况良好，为晴天微风。

场景二：装备配置与场景一相同，将天气状况稍作修改，添加一定的风雪因素。

②结果分析（表 7-1、表 7-2）。

表 7-1　场景一仿真结果

装备名称	数量	战损	毁伤	收益（¥）	耗费（¥）	效费比
某装备弹炮结合防空武器系统	4	1	15	X	X	X

表 7-2　场景二仿真结果

装备名称	数量	战损	毁伤	收益（¥）	耗费（¥）	效费比
某装备弹炮结合防空武器系统	4	0	18	X	X	X

（2）电子干扰设备。

①场景设置。

针对特殊地域的电磁环境，多山地形会对干扰波造成反射和散射影响，改变配置地域的地形条件，探究电子干扰设备在不同地形条件的效果。

场景一：设定在山地地域，对手采用 X 架无人机呈简单方阵从单一方向侵入我方地区，我方阵地布置 X 台某型固定式无人机定向/全向干扰设备，对来袭无人机进行拦截打击。天气状况良好，为晴天微风，示意图如图 7-14 所示。

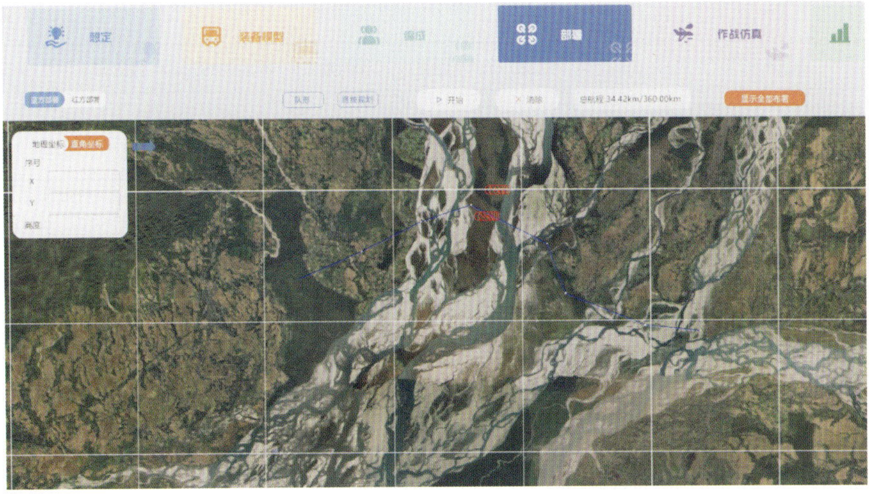

图 7-14 固定式无人机定向/全向干扰设备场景一

场景二:将设备配置在山口附近,无人机路线改为从山后进入,其他条件一样,示意图如图 7-15 所示。

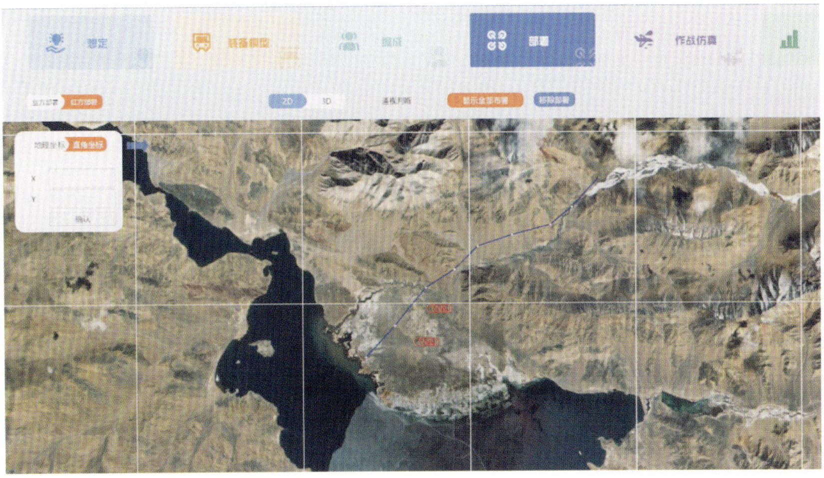

图 7-15 固定式无人机定向/全向干扰设备场景二

②结果分析(表 7-3、表 7-4)。

表 7-3 场景一仿真结果

装备名称	数量	战损	毁伤	收益(¥)	耗费(¥)	效费比
某型固定式无人机定向/全向干扰设备	4	0	15	X	X	X

表 7-4　场景二仿真结果

装备名称	数量	战损	毁伤	收益(￥)	耗费(￥)	效费比
某型固定式无人机定向/全向干扰设备	4	1	13	X	X	X

(3)便携式防空导弹。

以某型便携式防空导弹为例,考虑作战地域实际情况,地形、气候条件可能会对便携式导弹的毁伤效果产成影响,改变天气情况,对比不同环境下便携式防空导弹对无人机蜂群的拦截效果。

①场景设置。

场景一:设定在某地域配置某型便携式防空导弹 X 门,对对手的无人机蜂群进行拦截。

场景二:在相同地域配置某型便携式防空导弹 X 门,同样对 X 架对手无人机蜂群,环境为大风,有沙尘,能见度低,便携式导弹仿真部署设定示意图如图 7-16 所示。

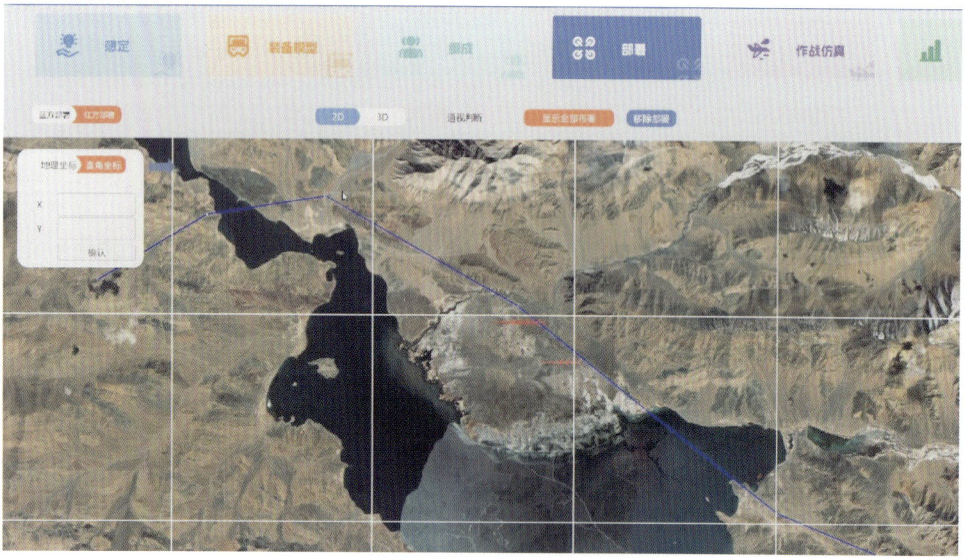

图 7-16　便携式导弹仿真部署设定示意图

②结果分析(表 7-5、表 7-6)。

表 7-5　场景一仿真结果

装备名称	数量	战损	毁伤	收益(￥)	耗费(￥)	效费比
某型便携式防空导弹	10	0	10	X	X	X

表 7-6　场景二仿真结果

装备名称	数量	战损	毁伤	收益(￥)	耗费(￥)	效费比
某型便携式防空导弹	10	0	8	X	X	X

(3)霰弹枪仿真。

依据霰弹枪的特性,明确其有效射程(50～100 m),根据无人机蜂群的特性,将无人机分为两种情况,中高空侦察(200 m 以上)和低空(50 m 以下)自杀式袭击。检验针对不同情况的无人机蜂群霰弹枪的反制效果。

①场景设置。

场景一:在某地区重点地域由 X 名战士携带 X 支某型自动霰弹枪防御 X 架越境侦察的无人机蜂群,飞行高度在 200 m 以上。天气状况良好,晴天微风。

场景二:在重点地域,同样由 X 名战士携带 X 支霰弹枪对我重要目标进行防御,霰弹枪仿真部署设定示意图如图 7-17 所示。对手目标预想为由 X 架自杀式无人机从正面对我进行自杀式袭击,飞行高度较低,为 50 m 以下。天气条件同样为晴天微风。

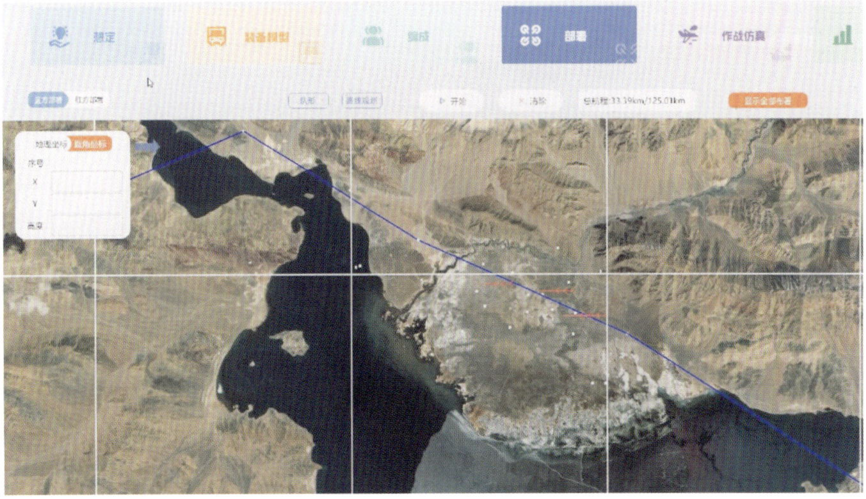

图 7-17　霰弹枪仿真部署设定示意图

②结果分析(表 7-7、表 7-8)。

表 7-6　场景一仿真结果

装备名称	数量	战损	毁伤	收益(￥)	耗费(￥)	效费比
某型自动霰弹枪	10	1	16	X	X	X

表 7-7　场景二仿真结果

装备名称	数量	战损	毁伤	收益(¥)	耗费(¥)	效费比
某型自动霰弹枪	10	0	12	X	X	X

7.6.2　混合装备

(1)高炮与电子干扰组合拦截仿真。

①试验设计。

在重点地区部署某型弹炮结合防空武器系统 X 门及某型固定式无人机定向/全向干扰设备 X 台,设定 X 架混合无人机蜂群从多方向来袭,将电子干扰设备配置在高炮装备前方位置,以及时发现无人机蜂群,快速做出反应,电子干扰与火力打击协同配合反制,高炮与电子干扰组合拦截仿真试验部署设定示意图如图 7-18 所示。

图 7-18　高炮与电子干扰组合拦截仿真试验部署设定示意图

②结果与分析(表 7-9)。

表 7-9　高炮与电子干扰组合拦截仿真试验结果

装备名称	数量	战损	毁伤	收益(¥)	耗费(¥)	效费比
某型固定式无人机定向/全向干扰设备	2	0	6	X	X	X
某型弹炮结合防空武器系统	4	0	12	X	X	X

从实验结果来看通过电子干扰设备与高炮装备的组合，使得整体的拦截效果得到提高，高炮的毁伤率相较于单一装备也得到提升。在仿真过程中，由于电子干扰设备的作用，高炮的开火时间较于只有高炮装备时有所提前，这也是造成效能提升的原因之一。

(2)便携式导弹与电子干扰组合拦截仿真。

①试验设计。

在重点区域，开阔地带，布置某型便携式防空导弹 X 门，与某型固定式无人机定向/全向干扰设备 X 台，便携式导弹与电子干扰组合拦截仿真实验部署设定示意图如图 7-19 所示。

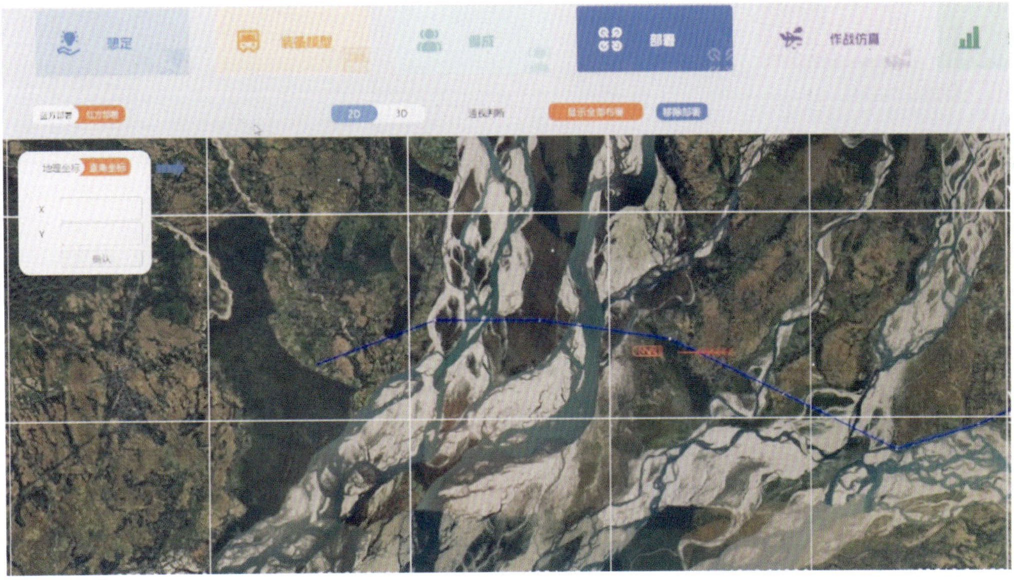

图 7-19　便携式导弹与电子干扰组合拦截仿真实验部署设定示意图

②试验结果与分析(表 7-10)

表 7-10　便携式导弹与电子干扰组合拦截仿真试验结果

装备名称	数量	战损	毁伤	收益(￥)	耗费(￥)	效费比
某型固定式无人机定向/全向干扰设备	2	0	8	X	X	X
某型便携式防空导弹	6	0	6	X	X	X

通过仿真结果来看，将电子干扰设备与便携式导弹组合，并没有显著提升整体作战效能，实际组合作用不大，导弹的效费比还是太低。

(3)高炮、便携式导弹与霰弹枪组合拦截仿真。

①试验设计。

在某地域按远、中、近3个距离,分别部署便携式导弹、高炮、霰弹枪,对对手来袭的X架无人机蜂群进行拦截,高炮、便携式导弹与霰弹枪组合拦截仿真试验部署设定示意图如图7-20所示。

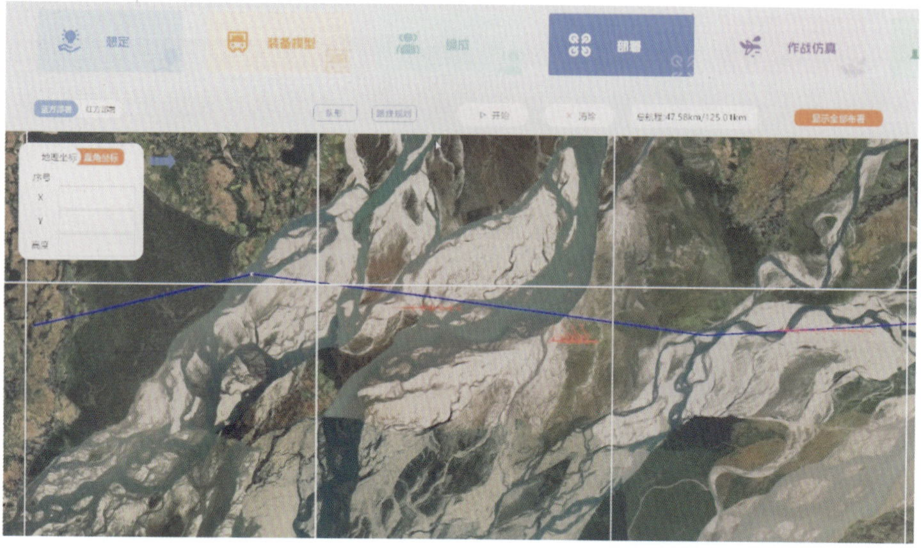

图7-20　高炮、便携式导弹与霰弹枪组合拦截仿真试验部署设定示意图

②试验结果(表7-11)。

表7-11　高炮、便携式导弹与霰弹枪组合拦截仿真试验结果

装备名称	数量	战损	毁伤	收益(¥)	耗费(¥)	效费比
某型弹炮结合防空武器系统	4	1	20	X	X	X
某型便携式防空导弹	6	0	6	X	X	X
某型毫米自动霰弹枪	10	3	17	X	X	X

从仿真结果来看,采取分层拦截的方式整体还是有一定的拦截效果,虽然单个装备的作战效能并没有得到很大提升,但是由于采取分层部署的拦截方式,后方和末端的武器拦截压力明显下降。

(4)便携式导弹、电子干扰与高炮组合拦截仿真。

①试验设计。

在某地域部署便携式导弹、电子干扰设备、高炮装备,蓝方设置X架无人机蜂群从山谷中间穿插来袭,便携式导弹、电子干扰与高炮组合拦截仿真试验部署设定示意图如图 7-21 所示。

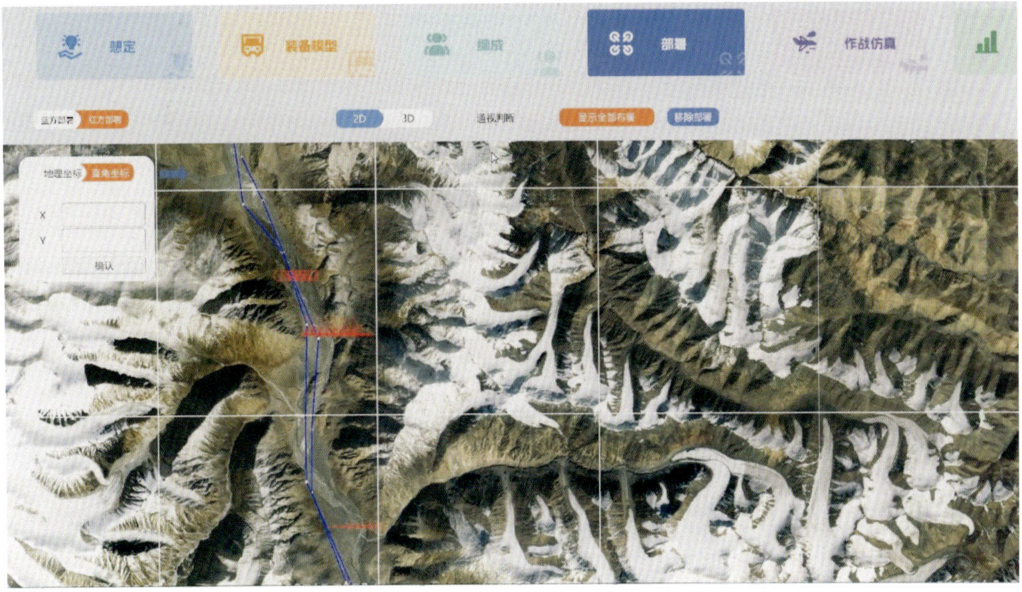

图 7-21 便携式导弹、电子干扰与高炮组合拦截仿真试验部署设定示意图

②试验结果(表 7-12)。

表 7-12 便携式导弹、电子干扰与高炮组合拦截仿真试验结果

装备名称	数量	战损	毁伤	收益(¥)	耗费(¥)	效费比
某型固定式无人机定向/全向干扰设备	4	1	30	X	X	X
某型弹炮结合防空武器系统	8	2	33	X	X	X
某型便携式防空导弹	6	0	7	X	X	X

从仿真结果来看,整体的拦截效果显著提升,可以对无人机蜂群形成有效杀伤,弹炮结合系统的作战效能明显提高,可能是由于在电子干扰装备的配合下,加上在峡谷地形中,占据有利地形,无人机蜂群的飞行受到限制,密集的火力对无人机蜂群造成有效毁伤。

7.7 启示建议

反无人机作战是未来战场的重要作战任务之一,反无人机技术是战场反无人机作战任务需求牵引下的必然产物。面对无人机信息技术的迅速发展与作战理念的不断演变,反无人机技术与手段发展策略及发展路径的选择,必将对未来战斗力生成模式的演进与优化产生深远的影响。

7.7.1 体系设计层面

(1)深化无人机反制顶层规划,为长远发展提供战略引领。

美军自2007年以来,每两年就更新发布一版无人系统发展综合路线图,提出关于无人系统发展的新认知、新需求、新安排,有力牵引了相关技术发展,相关做法值得借鉴。一是无人机装备体系建设,需要部队、科研院所和厂家整体协作,更需要多方努力,对无人机的建设、运用与发展进行顶层设计、统筹规划。二是要统筹建立专业人才培养机制,在利用好现有平台的基础上,系统规划人才成长路径,拓宽专业培养渠道,进一步完善人才选拔、培养、激励、使用和淘汰机制,打造规模适度、结构合理、一专多用的无人机专业人才队伍。从这两方面入手,从顶层梳理领域发展脉络、把握认知方向,看清趋势、看清方向。

(2)推动无人机反制战法创新,构建无人机反制多元体系。

目前,单一技术手段的无人机作战一定程度上难以应对信息化、智能化水平不断提高的战场态势。具体到战术层面,如何设计多元武器系统协同反制,形成连贯有效的反制链路并在实战中应用,还存在一定的距离。因此,锚定“发力点”把无人机和反无人机战术战法作为重要专题深入研究,自顶向下用新认知、新理论驱动反无人技术发展。针对当前无人机反制的各种力量进行有机整合,立足现有武器装备,构建起多元武器系统反无人机的作战体系,形成一套攻防一体的作战机制,提高实际作战能力。

针对集群无人机,无人机目标捕获技术需要采用通过多种手段来实现大范围多无人机目标的精确探测和识别。美国已开始牵头推动相关的研究,通过“空中搜索网”和“多方位防御快速拦截圆形交战系统”等项目,寻求可扩展的监视节点网,由各节点实时联动,形成全面的持久广域监视网,对低空无人机实施全面监视。

反无人机任务不仅仅是防空问题,必须依靠多方防空力量来解决。美国针对无人机应对流程提出“上下守卫”的理念,将无人机操作分为3个明确的层次:起飞、防区外和近距离。理想情况下,无人机应在起飞前被击落,其次是防区外,再其次是近距离。通过分层防御网,可以有效、无缝地防御无人机。美国国防高级研究计划局正通过“机动部队防护系统”项目,按照感知、决策和行动3个步骤的顶层系统架构,设想一个子系统与算法灵活地结合在一起的“压制网”,通过算法实现上述步骤,以形成适应作战环境的完整保护链。

(3)推进无人机反制军地协同,推动新域新质集智攻关。

一是坚持以战领建,常态化军地联动,按照任务牵引、差异设计、军民融合发展的原则,统筹发展路径、技术标准、按需配发装备,有效解决无人机发展自成体系问题。二是结合一系列的科技创新项目,以军事智能科技为抓手,加强军地协调和供需对接,深入开展新概念反无人机技术研究,抓好重点领域研究方向,以军事科技创新撬动社会资源集智攻关,推动商业领域先进无人机和反无人机技术向国防领域快转化快应用。

7.7.2 装备运用层面

伴随着单架无人机向小型化、智能化和隐身化方向发展,会使反无人机蜂群的难度不断增加,如无人机的小型化会增加探测跟踪和预警的难度;控制程序和通信链路的升级会增加网络空间攻击和电子干扰的难度;加装防激光材料会增加激光毁伤的难度。因此,需进一步探索相应的新技术与新手段。

(1)提升现有装备作战性能。

从单一装备作战效能评估的公式 $E=\boldsymbol{KADCS}$(或 $E=\boldsymbol{ADC}$)可以看出,装备的可用度、可信度和固有效能是提升装备作战效能的重要手段。

从前述的评估结果可知,若装备的可用度较低,首先考虑提高装备的可靠性。例如,对于反无人机的防空系统,如高炮或防空导弹系统,应加强机械部件和电子元件的质量控制。例如,采用更耐用的材料制造关键零部件,像高炮的炮管和自动装填机构,提高其在连续射击和复杂环境下的使用寿命。同时,优化电子设备的散热设计,减少因过热导致的故障,确保装备在长时间任务中的正常工作。

另外,若装备的可信性较低,可重点关注装备系统的稳定性。例如,对于反无人机的侦察探测系统,可通过优化信号处理算法,减少虚警和漏警概率。通过增加数据处理单元的冗余设计,确保在部分元件出现故障时,系统仍能正常工作。例如,采用双备份或多备份的数据存储和处理模块,当一个模块出现问题时,自动切换到其他正常模块,保证雷达数据的连续处理和目标跟踪的稳定性。

另外,在固有能力方面,若反无人机蜂群装备的火力打击能力不足,应考虑提升武器系统的性能。对于防空火炮,可通过改进弹药设计,如采用更先进的引信技术(近炸引信或可编程引信),提高对无人机的毁伤概率。同时,优化火炮的射击控制系统,提高射击精度,例如,采用更精确的火控雷达和光电瞄准设备,实现对无人机的精确跟踪和打击。对于防空导弹系统,研发更高机动性的导弹,增加导弹的过载能力,以应对无人机的灵活机动。

（2）重视优化完善防御体系。

对于反无人机蜂群的作战效能而言，全系统的效能评估结果优于所有单一装备或分系统的作战效能。因此，反无人机蜂群体系不是孤立系统，应加强作战体系的建设，应该立足于现有指挥控制系统和预警探测能力、电子对抗能力、软杀伤/硬打击能力，结合无人机蜂群隐蔽性好、功能节点分散、擅长饱和攻击等特点实现升级改造，完成现有系统针对低小慢空中节点的探测能力及大规模分布式饱和攻击的反制能力的提升。反无人机蜂群能力防御体系如图 7-22 所示。

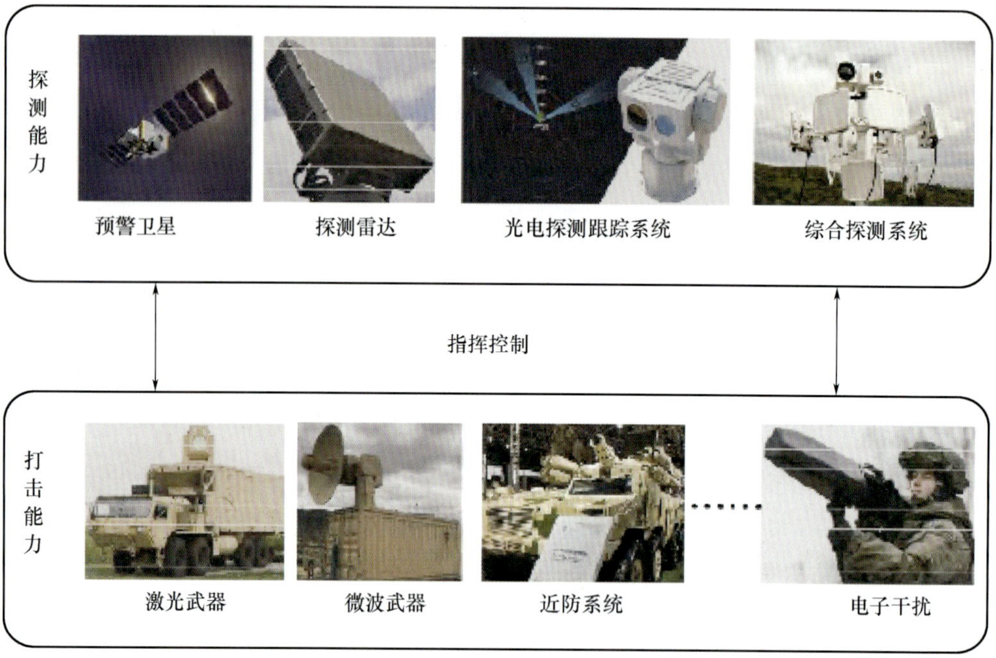

图 7-22　反无人机蜂群能力防御体系

针对来袭无人机蜂群作战特点和现有武器资源拦截能力，在火力兼容处理的基础上，综合控制软杀伤武器和硬毁伤武器对不同类型、不同距离、不同高度的无人机蜂群目标实施拦截，才能有效提升反无人机蜂群作战能力。

同时，针对无人机蜂群的拦截，需要反无人机蜂群指挥控制系统综合控制多平台、多种类反无人机武器资源实施联合打击作战，聚合整体效能，形成反无人机作战体系，以对抗无人机作战体系，实现对无人机蜂群的高中低、远中近多梯次立体打击能力，提高反无人机蜂群作战能力。

（3）寻求以无人机反无人机。

合成孔径雷达、信号情报载荷、干扰装置、通信中继载荷等有效载荷技术的发展，使无人机任务范围得到极大拓展。同时，自主组网、任务动态调整、自动化技术也为无人机反无人机打下了坚实的基础。未来战场很可能会出现以无人机对抗无人机的情景，无人机依靠空对空雷达探测并定位对手无人机，之后利用携带的武器系统击落或使目标瘫痪。

为提高单兵应对空中无人机的效能，美国开始研制小型单兵便携式无人机，并为其配备火控雷达和摄像机。部队可以利用其探测和跟踪对手无人机，而不必呼叫飞机或其他支援来确定目标。然后，数据可以发送给己方武器，继而对对手无人机实施攻击。雷声公司正在运用该公司的“郊狼”巡飞弹和 KRFS 雷达为美国陆军研制新型反无人机系统。在该系统中，“郊狼”巡飞弹将配装导引头和战斗部，与工作在 Ku 波段的 KRFS 有源相控阵雷达（捕获并精确跟踪各种尺寸无人机）配合使用，识别和摧毁无人机目标。在对抗蜂群无人机的作战中，士兵可以通过部署多架无人机来应对。

（4）实现多维度可调性打击。

面对无人机蜂群威胁，单一技术手段并不足以适应复杂多变的作战场景。因此，通过综合多种手段，在作战效能上形成互补，面对不同无人机威胁，针对性的开展对抗，可使无人机反制作战更灵活有效。以色列已研究将非动能干扰模块与激光硬杀伤拦截模块综合，在不明确无人机是否构成威胁时可先进行非动能干扰，在明确无人机携带武器构成威胁后，则将目标移交给激光模块，针对无人机载荷或机身进行硬杀伤。同时，可以通过综合部署多套软硬杀伤兼容系统，构建多维度的防空反无圈，有效对抗无人机蜂群目标。

7.7.3　人员素质层面

要注重加强包括指挥、作战等各类人员素质的全面提升。由高炮装备、便携式导弹装备等作战效能评估的公式 $E=\boldsymbol{KADCS}$ 及计算结果可知，各类人员尤其是直接操作装备的人员的军事素质、身体素质、心理素质对于反无人机蜂群的作战效能有着直接的重要影响。因此，要重点加强专业技能培训和团队协作训练。

（1）专业技能培训。

根据评估结果，针对装备操作和作战效能的薄弱环节，加强人员的专业技能培训。对于反无人机蜂群装备的操作人员，进行更深入的装备操作培训，包括武器系统的精确操作、雷达的目标识别和跟踪技巧等。例如，组织操作人员进行模拟实战的射击训练，提高他们在复杂情况下（如多目标、高速目标）的射击精度和反应速度。同时，开展作战环境的心理训练，使操作人员能够在战场上依然能够冷静的快速准确的做出各类战术动作。

(2)团队协作训练。

如前所述,反无人机蜂群的作战,是全系统的作战。因此,为了提高装备在协同作战中的效能,加强团队协作训练。通过组织联合演练,使不同装备的操作人员熟悉彼此的装备性能和作战流程,提高团队之间的默契程度。例如,开展防空火炮和防空导弹系统操作人员的联合训练,模拟实战场景下的目标分配、火力协同等环节,培养团队在应对无人机群攻击时的协同作战能力。

参考文献

[1]刘超峰. 反微型无人机技术方案调研[J]. 现代防御技术,2017,45(4):17-23.

[2]王奇珍,张允清,唐世玉,等. 集群无人机探测及对抗措施综述[J]. 现代防御技术,2019,47(5):12-17.

[3]何中翔,李鹏程,王淑君,等. 针对多旋翼无人机的高效压制技术[J]. 电子信息对抗技术,2017,32(3):44-49.

[4]丁梦蝶. 低慢小目标跟踪算法的设计与研究[D]. 哈尔滨:哈尔滨工程大学,2018.

[5]韩晓飞. 激光防御低慢小目标的关键技术分析[J]. 激光与红外,2013,43(8):868-871.

[6]冯成龙. 复杂环境下的实时目标跟踪算法研究[D]. 徐州:中国矿业大学,2017.

[7]王鑫. 复杂背景下红外目标检测与跟踪算法研究[D]. 南京:南京理工大学,2010.

[8]陈宇,刘峰,王强. 高功率激光武器对无人机毁伤效能评估[J]. 战术导弹技术,2023,34(4):56-62.

[9]陈京生,李清,吴红. 国外激光武器及其标准化的研究进展[J]. 兵器装备工程学报,2023,44(10):165-172.

[10]杨剑波,宗思光,陈利斐. 舰载激光武器对典型无人机蜂群目标毁伤距离研究[J]. 激光与红外,2022,52(5):745-751.

[11]孙海文,王亮,于邵祯,等. 国外反无人机蜂群作战研究[J]. 指挥控制与仿真. 2023(2):28-34.

[12]焦士俊,王冰切,刘剑豪,等. 国内外无人机蜂群研究现状综述[J]. 航天电子对抗,2019,35(1):61-64.

[13]张冬冬,王春平,付强. 国外无人机蜂群发展状况及反蜂群策略研究[J]. 飞航导弹,2021(6):56-62.

[14]李鹏举,毛鹏军,耿乾,等. 无人机集群技术研究现状与趋势[J]. 航空兵器,2020,27(4):25-32.

[15]张婷婷,蓝羽石,宋爱国. 无人集群系统自主协同技术综述[J]. 指挥与控制学报,2021,7(2):127-136.

[16]杨丽娜,曹泽阳,李勇祥. 无人机蜂群作战构成及作战概念研究[J]. 现代防御技术,2020,48(4):44-51.

[17]焦士俊,刘剑豪,王冰切,等. 反无人机蜂群战法运用研究[J]. 飞航导弹,2019(8):39-42.

[18]付鑫,赵然,梁延峰,等. 反无人机蜂群技术发展综述[J]. 中国电子科学研究院学报,2022,17(5):421-428.

[19]王晓悦,王珣,王永贞,等. 基于仿真的蜂群体系对抗效能评估方法[J]. 航空学报,2022,43(S1):110-118.

[20]张博,梁延峰,李建营,等. 空中无人蜂群作战发展现状及对抗策略研究[J]. 中国电子科学研究院学报,2022,17(8):755-763.

[21]罗文敏,齐圣辉,彭安,等. 小口径防空高炮弹药发展趋势分析[J]. 2023,51(5):31-38.

[22]吴凌华,任亚辉. 高功率微波武器反击无人机研究[J]. 2024,56(3):23-28,13.

附件　评估模型部分代码

1. AHP 法的实现流程和部分代码

(1)实现流程(图 A-1)。

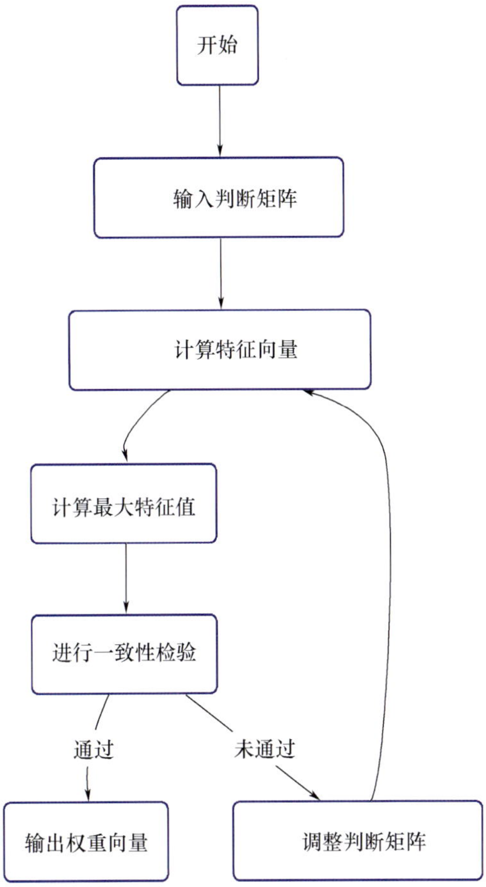

图 A-1　AHP 法实现的基本流程

(2)部分代码。

```
import numpy as np
```

```
#计算特征向量
def get_eigenvector(matrix):
    """
    通过求判断矩阵的特征值和特征向量来获取归一化后的特征向量
    """
    eigenvalues, eigenvectors = np.linalg.eig(matrix)
    max_index = np.argmax(eigenvalues)
    eigenvector = eigenvectors[:, max_index]
    return eigenvector / eigenvector.sum()

#计算一致性指标 CI
def get_ci(matrix):
    """
    计算一致性指标
    """
    eigenvalues, _ = np.linalg.eig(matrix)
    max_eigenvalue = np.max(eigenvalues)
    n = matrix.shape[0]
    return(max_eigenvalue - n) / (n - 1)

#计算一致性比例 CR
def get_cr(ci, ri):
    """
    计算一致性比例,用于检验判断矩阵的一致性是否可以接受
    """
    return ci / ri

#定义平均随机一致性指标(RI)对应表(这里只是示例部分常见阶数情况)
ri_table = {
    1: 0,
    2: 0,
    3: 0.58,
```

```
    4: 0.90,
    5: 1.12,
    6: 1.24,
    7: 1.32,
    8: 1.41,
    9: 1.45}

#构建准则层对于目标层的判断矩阵(示例,这里用简单的 3 个准则举例)
criteria_judgment_matrix = np.array([
    [1, 3, 5],
    [1 /3, 1, 3],
    [1 /5, 1 /3, 1]])
#计算准则层对于目标层的权重向量等相关指标
criteria_weight_vector = get_eigenvector(criteria_judgment_matrix)
criteria_ci = get_ci(criteria_judgment_matrix)
n = criteria_judgment_matrix.shape[0]
criteria_cr = get_cr(criteria_ci, ri_table[n])
print("准则层对于目标层的权重向量:", criteria_weight_vector)
print("准则层对于目标层的一致性指标 CI:", criteria_ci)
print("准则层对于目标层的一致性比例 CR:", criteria_cr)
#假设方案层对于每个准则有对应的判断矩阵(这里假设有 3 个方案,每个准则下
都有一个 3×3 的判断矩阵,仅示例部分)# 方案层对于准则 1 的判断矩阵
alternative_judgment_matrix_for_criterion1 = np.array([
    [1, 2, 3],
    [1 /2, 1, 2],
    [1 /3, 1 /2, 1]])# 方案层对于准则 2 的判断矩阵
alternative_judgment_matrix_for_criterion2 = np.array([
    [1, 1 /2, 1 /3],
    [2, 1, 1 /2],
    [3, 1 /2, 1]])# 方案层对于准则 3 的判断矩阵
alternative_judgment_matrix_for_criterion3 = np.array([
    [1, 3, 2],
```

```
        [1 /3, 1, 1 /2],
        [1 /2, 2, 1]])
#计算各方案对于各准则的权重向量、CI 和 CR(示例中循环处理三个准则对应的情况)
alternative_weight_vectors = []
criterion_cis = []
criterion_crs = []for matrix in [alternative_judgment_matrix_for_criterion1,
               alternative_judgment_matrix_for_criterion2,
               alternative_judgment_matrix_for_criterion3]:
    weight_vector = get_eigenvector(matrix)
    ci = get_ci(matrix)
    n = matrix.shape[0]
    cr = get_cr(ci, ri_table[n])
    alternative_weight_vectors.append(weight_vector)
    criterion_cis.append(ci)
    criterion_crs.append(cr)
#综合计算各方案对于目标层的最终权重(示例简单加权平均方式)
final_weights = []for i in range(len(alternative_weight_vectors[0])):
    weight_sum = 0
    for j in range(len(alternative_weight_vectors)):
      weight_sum += criteria_weight_vector[j] * alternative_weight_vectors[j][i]
    final_weights.append(weight_sum)
print("各方案对于目标层的最终权重:", final_weights)
```

(3)关键函数的解释。

①get_eigenvector 函数。利用 numpy 库的 linalg. eig 方法求判断矩阵的特征值和特征向量,然后提取最大特征值对应的特征向量,并进行归一化处理,得到权重向量。

②get_ci 函数。通过判断矩阵计算一致性指标 CI,根据一致性指标的计算公式(最大特征值与矩阵阶数的关系)来实现。

③get_cr 函数。结合已经计算出的 CI 以及对应阶数的平均随机一致性指标 RI(从预设的 ri_table 中获取),计算一致性比例 CR,用于判断判断矩阵的一致性是否可以接受(通常 CR < 0.1 认为一致性可以接受)。

2. FAHP 法的实现流程和部分代码

(1)实现流程(图 A-2)。

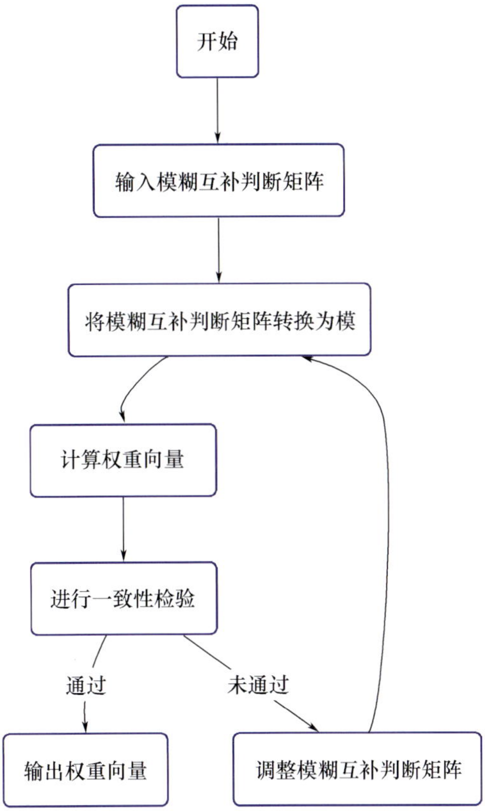

图 A-2　FAHP 法实现的基本流程

(2)部分代码

```
import numpy as np

#构建模糊互补判断矩阵(这里简单示例,实际可根据具体需求从外部获取等方式构建)
def build_fuzzy_complementary_matrix(n):
    """
    构建 n 阶模糊互补判断矩阵
    :param n:矩阵阶数
    :return:模糊互补判断矩阵
    """
```

```
    matrix = np.zeros((n, n))
    for i in range(n):
        for j in range(n):
            if i == j:
                matrix[i, j] = 0.5
            elifi < j:
                matrix[i, j] = np.random.rand()
                matrix[j, i] = 1 - matrix[i, j]
    return matrix

#将模糊互补判断矩阵转换为模糊一致性判断矩阵
def transform_to_fuzzy_consistent_matrix(complementary_matrix):
    """
    将模糊互补判断矩阵转换为模糊一致性判断矩阵
    :param complementary_matrix:模糊互补判断矩阵
    :return:模糊一致性判断矩阵
    """
    n = complementary_matrix.shape[0]
    r = np.sum(complementary_matrix, axis=1)
    consistent_matrix = np.zeros((n, n))
    for i in range(n):
        for j in range(n):
            consistent_matrix[i, j] =(r[i] - r[j]) /(2 * n) + 0.5
    return consistent_matrix

#计算权重向量(采用行平均法示例)
def calculate_weight_vector(consistent_matrix):
    """
    从模糊一致性判断矩阵计算权重向量
    :param consistent_matrix: 模糊一致性判断矩阵
    :return:权重向量
    """
```

```
    n = consistent_matrix.shape[0]
    weight_vector = np.mean(consistent_matrix, axis=1)
    return weight_vector /np.sum(weight_vector)


#示例使用,假设构建一个 3 阶的情况
n = 3
fuzzy_complementary_matrix = build_fuzzy_complementary_matrix(n)
print("模糊互补判断矩阵:")
print(fuzzy_complementary_matrix)


fuzzy_consistent_matrix = transform_to_fuzzy_consistent_matrix(fuzzy_complementary_
matrix)
print("模糊一致性判断矩阵:")
print(fuzzy_consistent_matrix)


weight_vector = calculate_weight_vector(fuzzy_consistent_matrix)
print("权重向量:", weight_vector)
```

(3)关键函数的解释。

①build_fuzzy_complementary_matrix 函数。

用于构建一个 n 阶的模糊互补判断矩阵。在这个矩阵中,主对角线上的元素都为 0.5,对于 $i<j$ 的元素,随机生成一个在 0 到 1 之间的值作为该位置的值,同时对应的 j, i 位置元素值为 1 减去该随机值,以此保证互补性(满足 a_{ij} + a_{ji} = 1 且 a_{ii} = 0.5 的性质)。

②transform_to_fuzzy_consistent_matrix 函数。

把给定的模糊互补判断矩阵转换为模糊一致性判断矩阵。基本思路是先计算原模糊互补判断矩阵每行元素之和 r,然后按照转换公式 a_{ij} =(r_{i} -r_{j})/(2 * n)+ 0.5 对每个元素进行转换,得到模糊一致性判断矩阵,这样得到的矩阵能更好地满足后续计算权重等相关理论要求。

③calculate_weight_vector 函数。

通过行平均法从模糊一致性判断矩阵计算权重向量。即对模糊一致性判断矩阵按行求平均,得到一个初步的向量,最后将其归一化(各元素之和为 1),作为权重向量返回,该权重向量反映了各元素在层次结构中的相对重要性程度。

3. TOPSIS 的实现流程和部分代码

(1)实现流程(图 A-3)。

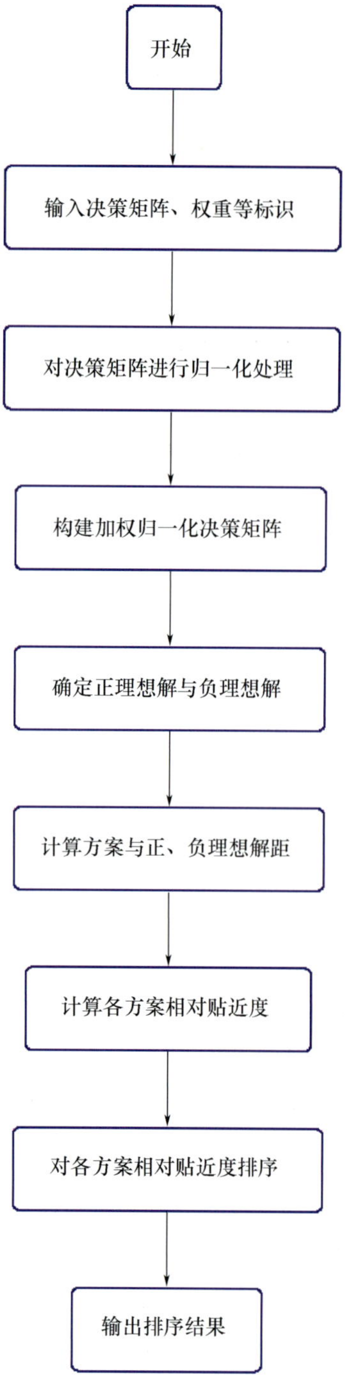

图 A-3　TOPSIS 实现的基本流程

(2)部分代码。

```
import numpy as npimport pandas as pd

#归一化决策矩阵 def normalize_decision_matrix(matrix):
    """
    对决策矩阵进行归一化处理
    :param matrix:原始决策矩阵
    :return:归一化后的决策矩阵
    """
    row_sums_squared = np. sum(matrix * * 2, axis=0)
    row_sums_squared = np. sqrt(row_sums_squared)
    normalized_matrix = matrix /row_sums_squared
    return normalized_matrix

#构建加权归一化决策矩阵
def build_weighted_normalized_matrix(normalized_matrix, weights):
    """
    根据归一化矩阵和给定权重构建加权归一化决策矩阵
    :param normalized_matrix:归一化后的决策矩阵
    :param weights:属性权重向量
    :return:加权归一化决策矩阵
    """
    weighted_matrix = normalized_matrix * weights
    return weighted_matrix

#确定正理想解和负理想解
def determine_ideal_solutions(weighted_matrix, benefit_attributes):
    """
    根据加权归一化矩阵确定正理想解和负理想解
    :param weighted_matrix:加权归一化决策矩阵
    :param benefit_attributes: 效益型属性的索引列表(索引从 0 开始)
    :return:正理想解向量,负理想解向量
```

```
    """
    num_rows, num_cols = weighted_matrix.shape
    positive_ideal_solution = np.zeros(num_cols)
    negative_ideal_solution = np.zeros(num_cols)
    for j in range(num_cols):
        if j in benefit_attributes:
            positive_ideal_solution[j] = np.max(weighted_matrix[:, j])
            negative_ideal_solution[j] = np.min(weighted_matrix[:, j])
        else:
            positive_ideal_solution[j] = np.min(weighted_matrix[:, j])
            negative_ideal_solution[j] = np.max(weighted_matrix[:, j])
    return positive_ideal_solution, negative_ideal_solution

#计算各方案与正理想解、负理想解的距离
def calculate_distances(weighted_matrix, positive_ideal_solution, negative_ideal_solution):
    """
    计算各方案与正理想解、负理想解的距离
    :param weighted_matrix:加权归一化决策矩阵
    :param positive_ideal_solution:正理想解向量
    :param negative_ideal_solution:负理想解向量
    :return:各方案与正理想解的距离向量,各方案与负理想解的距离向量
    """
    num_rows = weighted_matrix.shape[0]
    distances_to_positive_ideal = np.zeros(num_rows)
    distances_to_negative_ideal = np.zeros(num_rows)
    for i in range(num_rows):
        distances_to_positive_ideal[i] = np.sqrt(np.sum((weighted_matrix[i, :] - positive_ideal_solution) ** 2))
        distances_to_negative_ideal[i] = np.sqrt(np.sum((weighted_matrix[i, :] - negative_ideal_solution) ** 2))
    return distances_to_positive_ideal, distances_to_negative_ideal
```

```
#计算相对贴近度并排序
defcalculate_relative_closeness_and_rank(distances_to_positive_ideal, distances_to_
negative_ideal):
    """
    计算各方案的相对贴近度并进行排序
    :param distances_to_positive_ideal:各方案与正理想解的距离向量
    :param distances_to_negative_ideal:各方案与负理想解的距离向量
    :return:包含各方案相对贴近度及排名的 DataFrame
    """
    relative_closeness = distances_to_negative_ideal /(distances_to_positive_ideal +
distances_to_negative_ideal)
    ranking = np. argsort(-relative_closeness)  #按照相对贴近度降序排序,取索引
    result_df = pd. DataFrame({
        '相对贴近度': relative_closeness,
        '排名': ranking + 1  # 排名从 1 开始
    })
    return result_df

#示例数据及使用# 决策矩阵,假设有 4 个方案,3 个属性
decision_matrix = np. array([[80, 10, 90],
                             [70, 15, 80],
                             [60, 20, 70],
                             [50, 25, 60]])# 属性权重向量
weights = np. array([0. 3, 0. 3, 0. 4])# 效益型属性的索引列表(这里假设都是效
益型属性,索引为 0、1、2)
benefit_attributes = [0, 1, 2]
#步骤一:归一化决策矩阵
normalized_matrix = normalize_decision_matrix(decision_matrix)
#步骤二:构建加权归一化决策矩阵
weighted_matrix = build_weighted_normalized_matrix(normalized_matrix, weights)
#步骤三:确定正理想解和负理想解
positive_ideal_solution, negative_ideal_solution = determine_ideal_solutions(weighted_
```

matrix, benefit_attributes)

#步骤四:计算各方案与正理想解、负理想解的距离

distances_to_positive_ideal, distances_to_negative_ideal = calculate_distances(weighted_matrix, positive_ideal_solution, negative_ideal_solution)

#步骤五:计算相对贴近度并排序

result_df = calculate_relative_closeness_and_rank(distances_to_positive_ideal, distances_to_negative_ideal)

print(result_df)

(3)关键函数的解释。

①normalize_decision_matrix 函数。

对原始决策矩阵进行归一化处理,采用向量归一化方法,即对于决策矩阵中的每列(对应每个属性),先计算该列元素的平方和,再开方得到该列的模长,然后用该列的每个元素除以对应的模长,使得每个属性下的各方案值都被归一化到一定范围,便于后续的加权等操作。

②build_weighted_normalized_matrix 函数。

根据已经归一化后的决策矩阵以及给定的各属性权重向量,通过对应元素相乘的方式构建加权归一化决策矩阵,这样每个属性在不同方案中的值就结合了其相应的权重。

③determine_ideal_solutions 函数。

依据加权归一化决策矩阵来确定正理想解和负理想解。对于效益型属性(一般希望值越大越好的属性),正理想解取该属性在各方案中的最大值,负理想解取最小值;对于成本型属性(希望值越小越好的属性,当假设无成本型属性,如果有需要额外判断处理),则正理想解取最小值,负理想解取最大值。最后分别返回正理想解向量和负理想解向量。

④calculate_distances 函数。

计算各方案(决策矩阵中的每一行代表一个方案)与正理想解、负理想解的距离,采用欧几里得距离公式,即对于每个方案对应的加权归一化向量,计算其与正理想解向量、负理想解向量的欧式距离,分别存储在相应的距离向量中返回。

⑤calculate_relative_closeness_and_rank 函数。

先根据各方案与正理想解、负理想解的距离,通过公式计算相对贴近度(相对贴近度=各方案与负理想解的距离/(各方案与正理想解的距离 + 各方案与负理想解的距离)),然后按照相对贴近度对各方案进行降序排序,得到排名信息,最后将相对贴近度和排名信息整理到一个 DataFrame 中返回,方便查看和分析结果。